上海市工程建设规范

滩涂治理与海塘工程设计标准

Standard for design of tidal zone regulation and sea dike project

DG/TJ 08—2111—2024

J 12144—2025

主编单位:上海市水利工程设计研究院有限公司

中船第九设计研究院工程有限公司

批准部门:上海市住房和城乡建设管理委员会

施行日期:2025 年 5 月 1 日

同济大学出版社

2025　上海

图书在版编目(CIP)数据

滩涂治理与海塘工程设计标准/上海市水利工程设计研究院有限公司，中船第九设计研究院工程有限公司主编. --上海：同济大学出版社，2025.5. -- ISBN 978-7-5765-1565-7

Ⅰ. P748-65;U656.31-65

中国国家版本馆 CIP 数据核字第 2025ZA6115 号

滩涂治理与海塘工程设计标准

上海市水利工程设计研究院有限公司
中船第九设计研究院工程有限公司 **主编**

责任编辑 朱 勇
责任校对 徐逢乔
封面设计 陈益平

出版发行 同济大学出版社 www.tongjipress.com.cn
（地址：上海市四平路 1239 号 邮编：200092 电话：021－65985622）
经 销 全国各地新华书店
印 刷 常熟市华顺印刷有限公司
开 本 889mm×1194mm 1/32
印 张 7.5
字 数 188 000
版 次 2025 年 5 月第 1 版
印 次 2025 年 5 月第 1 次印刷
书 号 ISBN 978-7-5765-1565-7
定 价 70.00 元

上海市住房和城乡建设管理委员会文件

沪建标定〔2024〕556 号

上海市住房和城乡建设管理委员会关于批准《滩涂治理与海塘工程设计标准》为上海市工程建设规范的通知

各有关单位：

由上海市水利工程设计研究院有限公司、中船第九设计研究院工程有限公司主编的《滩涂治理与海塘工程设计标准》，经我委审核，现批准为上海市工程建设规范，统一编号为 DG/TJ 08—2111—2024，自 2025 年 5 月 1 日起实施。原《滩涂促淤圈围造地工程设计规范》(DG/TJ 08—2111—2012)同时废止。

本标准由上海市住房和城乡建设管理委员会负责管理，上海市水利工程设计研究院有限公司负责解释。

特此通知。

上海市住房和城乡建设管理委员会

2024 年 10 月 30 日

前　言

根据上海市住房和城乡建设管理委员会《关于印发〈2021年上海市工程建设规范、建筑标准设计编制计划〉的通知》（沪建标定〔2020〕771号）的要求，由上海市水利工程设计研究院有限公司、中船第九设计研究院工程有限公司会同相关单位，经广泛深入的调查研究，认真总结了原标准《滩涂促淤圈围造地工程设计规范》DG/TJ 08—2111—2012实施以来的实践经验，积极响应了国家、行业相关标准最新要求，及时吸纳了本市相关最新成果以及滩涂治理和海塘设施的行业管理需求，并在广泛征求意见基础上，修订了本标准。

本标准共分13章，主要内容有：总则；术语；基本资料；设计标准；设计潮位与波浪；工程总体布置；保滩促淤设计；堤身设计；堤基处理与稳定计算；围区填筑设计；海塘与建（构）筑物的连接和交叉；施工组织设计；工程管理设计；附录A～P。

本次修订的主要内容包括：

——调整了标准的适用范围，使之同时适用于本市滩涂治理与海塘工程设计；

——增加了滩涂治理、海塘、保滩等术语定义；

——增加了生态、环境等基本资料收集调查要求；

——调整了滩涂治理工程等别的划分标准；

——增加了生物保滩促淤等设计要求；

——增加了交通通信设施、生物防护措施等工程管理要求；

——增加了潮位、风速、波浪等重要参数的复核情况说明。

为了不断完善本标准，各单位及相关人员执行过程中如有意见或建议，请反馈至上海市水务局（地址：上海市江苏路389号；

邮编：200042；E-mail：kjfzc@swj.shanghai.gov.cn)，上海市水利工程设计研究院有限公司(地址：上海市龙吴路888号；邮编：200232；E-mail：jiyx@sh163.net)，上海市建筑建材业市场管理总站(地址：上海市小木桥路683号；邮编：200032；E-mail：shgcbz@163.com)，以供今后修订时参考。

主编单位：上海市水利工程设计研究院有限公司
中船第九设计研究院工程有限公司

参编单位：中交上海航道勘察设计研究院有限公司

主要起草人：季永兴　李小军　张丽芬　崔　冬　陈海英
张志杰　欧阳礼捷　舒叶华　才　多　高晨晨
黄东海　刘海青　濮　勋　高加云　宋永港
李　路　张　云　孔令婷　杨　潇　蔡勇圣
印　越　王月华　刘广华　勾启泰　陆　扬
戴雅奇　赵庚润　董永福　王文华　田少杰
李　欢　张　恒　宋　晨

主要审查人：胡　欣　谢世禄　徐贵泉　林顺才　楼启为
唐建华　王　珏

上海市建筑建材业市场管理总站

目　录

Contents

1 总 则

1.0.1 为规范上海市滩涂治理与海塘工程设计标准和技术要求，做到安全可靠、技术先进、生态绿色、经济合理、管理规范，制定本标准。

1.0.2 本标准适用于上海市新建、改建、扩建或除险加固的滩涂治理与海塘工程设计。

1.0.3 滩涂治理与海塘工程设计应符合上海市城市国土空间总体规划、海岸带及海洋空间规划、河口及海岸综合整治规划、水系统治理规划等，并与生态环境保护、岸线利用和航道发展规划等相协调，体现社会效益、环境效益、生态效益、经济效益。

1.0.4 滩涂治理与海塘工程建设应贯彻因地制宜、就地取材原则，同时应积极开展新技术、新材料和新工艺的研究，经充分论证或试验工程验证后积极推广使用，符合安全、经济、生态、环保等原则。

1.0.5 滩涂治理与海塘工程的设计除应符合本标准外，尚应符合国家、行业及本市现行有关标准的规定。

2 术 语

2.0.1 滩涂治理 tidal zone regulation

对滩涂进行保护、修复和利用的活动，如促淤、保滩、圈围、生态修复等。

2.0.2 海塘 sea dike

亦称海堤，指长江口、东海和杭州湾沿岸及岛屿四周修筑的堤防(含新建大堤)、堤防构筑物及保滩工程。

2.0.3 主海塘 main sea dike

经水行政主管部门认定，对上海市陆域和崇明三岛岛屿起主要防御作用的海塘。

2.0.4 一线海塘 front-line sea dike

纳入本市海塘统一管理的，位于第一线的海塘，在主海塘外侧水库、港区及灰库等小范围特殊用地的最前沿堤防工程或圈围工程中的前沿堤防工程。

2.0.5 促淤 sedimentation promotion

通过工程或生物措施来改变波浪、水流及泥沙等动力条件，促进泥沙落淤，从而加速滩涂淤积。

2.0.6 保滩 coast protection

通过丁坝、勾坝、顺坝、护坎、潜堤、护底、生物等岸滩修复与保护措施，保持河口海岸地区滩涂的稳定，防止滩涂泥沙被波浪、水流淘刷。

2.0.7 圈围 land reclamation

通过筑堤将滩涂形成封闭陆地或水域(称为“围区”)的建设活动。

2.0.8 吹填 hydraulic fill

采用泥泵和排泥管线将泥沙输送到指定地点的作业方式。

2.0.9 防潮标准 tidal control standard

各种保护对象或工程本身要求达到的防御潮水的标准，一般以防御潮位的重现期或典型年表示。

2.0.10 设计波浪标准 design wave criteria

设计波浪标准包括设计波浪的重现期或引起波浪的风速值或风速的重现期，以及设计波高的波列累积频率。

2.0.11 汛期 flood season

台风和洪水多发季节，上海汛期为每年的6月至9月。

2.0.12 允许越浪量 tolerable overtopping limit

在单位时间内允许波浪越过堤顶的单宽流量[$m^3/(s \cdot m)$]。

2.0.13 充泥管袋 tubular bag filled with liquid powder soil

在土工织物制作成的管袋内充入粉质土、细砂或砂质粉土经排水固结后的袋装土体。

2.0.14 软体排 soft mattress

用于滩面防冲、堤基加固、纳潮口及龙口保护的工程结构，由土工织物和压载材料构成。按压载形式，可分为混凝土联锁块软体排、砂肋软体排、碎石包软体排及混合软体排等。

2.0.15 纳潮口 tidal inlet

保滩、促淤坝上预留的供潮流进出的口门。

2.0.16 龙口 closure gap

圈围工程施工期间在围堤上预留的具有一定宽度、沟通围区内外水流的口门。

2.0.17 合龙(堵口、截流) closure of dike

龙口(含纳潮口)封堵截流的施工活动称为合龙，也有称为堵口或截流。按龙口收缩的方式，分为平堵、立堵及平立堵结合。

2.0.18 堤坝 dike

滩涂治理与海塘工程中涉及的保滩坝、促淤坝及海塘(含新圈围大堤)等各类堤防的合称。

2.0.19 交叉建(构)筑物 crossing structures

穿堤建(构)筑物与跨堤建(构)筑物的合称。

2.0.20 穿堤建(构)筑物 through-dike structures

从海塘堤身或堤基穿过的管、涵、闸、隧道等各类建(构)筑物的总称。

2.0.21 跨堤建(构)筑物 over-dike structures

跨越海塘堤身的码头或引堤、桥梁等各类建(构)筑物的总称。

3 基本资料

3.1 一般规定

3.1.1 滩涂治理与海塘工程设计应具备区域社会经济和水文、气象、地形、地质、生态、环境等自然条件资料。

3.1.2 改建、扩建及除险加固工程还应收集已有工程现状及运行管理资料。

3.2 社会经济

3.2.1 滩涂治理与海塘工程设计应掌握拟建工程区及周边地区和水域的社会经济状况、防汛以及取排水设施、码头、港口及航道、管线(含光缆、电缆等)分布、农林与渔业设施、水库、桥隧、水文测站等已有工程情况。

3.2.2 滩涂治理与海塘工程设计应掌握拟建工程区及周边地区和水域相关规划要求、拟建和在建工程情况,以及环境限制、生态保护等要求。

3.3 气象、水文与生态环境

3.3.1 气象、水文等资料应包括工程所在地区或邻近陆地和水域内的气温、风况、降水、径流、潮汐、潮流、波浪、泥沙等。

3.3.2 设计潮(水)位资料应统一高程基准面,并与滩涂治理与海塘工程设计采用的基准面相一致。

3.3.3 应通过资料收集、测验分析、专题研究等方式,掌握工程区的潮位、潮型、潮流和波浪等水文要素。

3.3.4 对于围区有雨水排放要求的圈围工程，应分析设计标准条件下的雨量及雨型分布和相应的潮型。

3.3.5 应收集水环境及生态环境等相关本底资料。当资料不足时，应开展相关调查、监测与评估工作。

3.4 工程地形

3.4.1 滩涂治理与海塘工程各设计阶段必须有适用的地形资料，且应满足设计、施工与监测管理等要求。不同设计阶段的工程地形测量资料应符合表 3.4.1 的规定。

表 3.4.1 地形测图要求

<table>
<tr><th>图名</th><th>设计阶段</th><th>比例尺</th><th>测绘范围</th><th>备注</th></tr>
<tr><td rowspan="2">工程区地形图</td><td>可研</td><td>1∶2 000～1∶10 000</td><td>整个工程区，并自堤中心线向外侧扩展 500 m～2 000 m</td><td rowspan="2">堤线内外 500 m～1 000 m 宜取大比例尺</td></tr>
<tr><td>初设</td><td>1∶1 000～1∶2 000</td><td>整个工程区，并自堤中心线向外侧扩展 500 m～1 000 m</td></tr>
<tr><td>工程区周边地形图</td><td>可研、初设</td><td>1∶25 000～1∶100 000</td><td>堤线外侧 10 km～100 km</td><td>用于河势分析、风浪计算等，可利用海事等测图</td></tr>
<tr><td>砂源(土料)区地形图</td><td>可研、初设</td><td>1∶2 000～1∶5 000</td><td>砂源(土料)区向外扩展 500 m～2 000 m</td><td>—</td></tr>
<tr><td>堤线纵断面图</td><td>可研、初设</td><td>竖向 1∶100～1∶200
横向 1∶1 000～1∶10 000</td><td>自堤线起点至终点</td><td>—</td></tr>
<tr><td rowspan="2">堤线横断面图</td><td>可研</td><td>竖向 1∶100～1∶200
横向 1∶100～1∶1 000</td><td>限于航道、潮流沟及地形复杂处</td><td>—</td></tr>
<tr><td>初设</td><td>竖向 1∶100～1∶200
横向 1∶100～1∶1 000</td><td>每 50 m～200 m 测一断面，测宽堤线内外侧 200 m～500 m</td><td>地形突变处应加密</td></tr>
</table>

续表3.4.1

图名	设计阶段	比例尺	测绘范围	备注
纳潮口、龙口地形图	初设	1∶500～1∶2 000	堤线内侧 200 m～300 m，堤线外侧 300 m～500 m	—
纳潮口、龙口断面图	初设	竖向 1∶100～1∶200 横向 1∶200～1∶1 000	断面间距视需要而定	地形不复杂者可从略
闸、泵等建筑物地形图	可研、初设	1∶100～1∶5 000	包括建筑物进出口及两岸连接范围	初步设计比例尺宜取大比例尺

注：初步设计宜采用 1 年以内的地形图，施工图可采用初设阶段测量成果，但若测量时间距施工图设计时间超过 1 个汛期或预计有不可忽视的冲淤变化时，应对地形重新测量。

3.4.2 应收集、测验与工程有关的河口海岸地区岸滩演变和冲淤变化分析等资料。

3.4.3 地形图应采用上海现行坐标系，必要时同时提供国家现行坐标系地形图。高程应采用上海吴淞基准面，必要时同时按1985 国家高程基准面提供地形图。

3.5 工程地质

3.5.1 工程设计前必须进行水文地质和工程地质勘察，且应满足设计和相关标准对地质勘察的要求。

3.5.2 工程区及附近的工程地质勘察应符合下列要求：

1 基本查明场区的工程地质条件，判断场区的稳定性，评价工程的适宜性。

2 查明地基土层分布及其物理力学性质。

3 查明地下水及海水对混凝土及钢结构有无腐蚀性。

4 进行地基评价，提供地基处理方案建议和地基承载力、桩基设计参数建议值等相应地基设计参数。

5　评价场地地震效应。

3.5.3　工程地质勘察报告应包括但不限于下列内容：

1　勘探点平面布置图。

2　地质纵横剖面图（包括堤线、闸址、纳潮口、龙口、港汊及临时排水口等）。

3　钻孔柱状图。

4　土体的压缩曲线（$e\sim p$ 曲线或 $e\sim \lg p$ 曲线）。

5　地基土层物理力学性质指标（包括天然孔隙比、压缩系数、抗剪强度、压缩模量、前期固结压力和渗透系数等）。

6　软土现场十字板剪切、标准贯入击数及静力触探等原位测试成果图表。

7　工程地质条件评价。

8　砂源（土料）调查。

3.5.4　砂源（土料）调查资料应包括调查范围、调查孔位置图、调查区纵横剖面图、土料粒径级配、土料矿物组成及物理力学特性、化学特性、土料分类统计数量、水文地质特征等。

3.5.5　初勘、详勘阶段的勘探孔布置可按表 3.5.5 执行。详勘阶段应对初步设计审批中要求补充查明的地质问题进行研究，并对施工中揭露的地质问题进行补充分析和必要的补勘。

表 3.5.5　勘探孔布置要求

类型	设计阶段	孔距	孔深	备注
保滩促淤坝、海塘	可研（初勘）	纵剖面沿堤线，孔距 500 m～1 000 m；横剖面垂直堤线，间距为纵剖面孔距 2 倍～4 倍，孔距 20 m～200 m	一般性孔入土深度为堤身高度 1.5 倍～2.0 倍；控制性孔入土深度为堤身高度 4 倍～6 倍	纳潮口上应有勘探孔，龙口部位应有横剖面
	初设（详勘）	纵剖面沿堤线，孔距 100 m～500 m；横剖面垂直堤线，间距为纵剖面孔距 2 倍～4 倍，孔距 20 m～200 m		

续表3.5.5

类型	设计阶段	孔距	孔深	备注
泵、闸等建筑物	可研（初勘）	孔距50 m～100 m，设纵横剖面，每剖面不少于3孔	一般性孔深20 m～30 m，且不小于自建基面起算1.0倍基础宽度；控制性孔不少于3个，孔深不小于35 m，且满足沉降计算要求；桩基孔深应进入桩端以下不小于3.0 m～5.0 m	临时排水口、规模小于5 m宽的涵闸可结合堤坝勘探，并应有一横剖面
	初设（详勘）	勘探孔宜网状布置，纵、横剖面数各不少于3个，孔距20 m～50 m		
砂源调查	初勘	拟采砂区随机布置，间距500 m～2 000 m，不少于5孔	孔深8 m～15 m	—
	详勘	拟采砂区内网格布置勘探孔，间距宜不大于250 m		—

注：1. 横剖面上堤坝中心线上的孔一般设为控制性孔，中心线内外各设1孔～3孔为一般性孔。
2. 一般性孔深应满足渗流与稳定分析的要求，控制性孔深还应满足结构设计计算的要求。
3. 槽沟、淤泥坑等地质条件复杂区段应加密勘探孔。
4. 勘探孔布置应统筹考虑，并有利于后阶段工作。堤坝高度低于5 m且为非淤泥质地基或堤坝高度低于3 m时，孔距可取大值。

3.5.6 旧堤加固工程，应收集旧堤的填筑材料、填筑时间和结构等情况。当已有资料不满足现行行业标准《堤防工程地质勘察规程》SL 188要求时，应进行补充勘察和探查。

3.6 建筑材料

3.6.1 滩涂治理与海塘工程勘察设计应说明工程所需建筑材料的种类和数量。

3.6.2 应查明工程设计所需要的天然建筑材料的分布、储量、质量（性状与必要的物理力学指标），调查开采和运输条件，评价其适用性以及料场开采对周边环境的影响。

3.6.3 水泥、钢材、人工块体、土工合成材料等其他建筑材料，应说明产品性能参数。

4 设计标准

4.1 工程等级划分与防潮标准

4.1.1 滩涂治理工程应根据用途及治理规模等按表 4.1.1 确定工程等别；海塘工程应根据保护对象重要性确定工程等别。有多种用途时，按等别高的确定。

表 4.1.1 滩涂治理工程等别确定

工程等别	Ⅰ	Ⅱ	Ⅲ	Ⅳ
滩涂保护与修复(万亩)	≥100	＜100，且≥5	＜5，且≥1	＜1
农业开发(万亩)	≥5	＜5，且≥1	＜1，且≥0.5	＜0.5
城市及工业开发(重要性)	重要	中等～一般	—	—

4.1.2 滩涂治理与海塘工程中水工建筑物级别应根据工程等别及其在工程中的重要性，按表 4.1.2 确定。

表 4.1.2 水工建筑物级别划分

工程等别	永久性建筑物级别		临时性建筑物级别
	主要建筑物	次要建筑物	
Ⅰ	1	3	4
Ⅱ	2	3	4
Ⅲ	3	4	5
Ⅳ	4	5	5

4.1.3 新建海塘作为上海市主海塘的一部分时，其防潮标准应服从国家、流域和上海市批准的防洪规划的有关规定。滩涂治理与海塘工程中挡潮建筑物的防潮标准除本节特别规定外，应根据

水工建筑物的级别按表 4.1.3 确定。

表 4.1.3 建筑物的防潮标准

建筑物级别	1	2	3	4	5
防潮标准［重现期(年)］	≥100	<100，且≥50	<50，且≥30	<30，且≥20	<20，且≥10

注：1. 根据防护区内工业密集及企业发达程度等多种情况，考虑淹没后果，选择重现期的上、下限；滩涂治理建筑物的防潮标准，视出险后的危害程度，经论证后可适当降低。

2. 对 1 级建筑物，如按设计重现期确定的设计高潮位低于当地历史最高潮位时，宜采用历史最高潮位。

4.1.4 当工程保护区为特殊用途的工矿企业，如水库、海滨浴场、港口、航道及风电场等，应同时符合相应行业标准要求。工程保护区使用目标为化学工业等致灾后可能产生严重环境或社会经济灾难的，防潮标准应不低于 200 年重现期，并应采用可能最高潮位进行校核。

4.1.5 在本期工程堤外短期内拟再度新建海塘，本期工程使用期为 5 年～10 年，设计重现期可取表 4.1.3 中的下限；使用期低于 5 年且工程保护区为农业用地，设计重现期可降低 1 个等级。

4.1.6 工程区后方既有主海塘需拆除或需降低防潮能力时，新建海塘防潮标准应结合既有主海塘的保护对象统筹考虑。

4.1.7 海塘工程上的闸、涵、泵站等建筑物及其他构筑物的防潮标准，不应低于海塘工程的防潮标准，并应留有安全富余度。

4.1.8 龙口保护期的防潮标准应根据工程等别和施工期长短确定，Ⅰ、Ⅱ等工程且龙口需跨 1 个以上、3 个以下汛期时，龙口保护的防潮标准取 10 年一遇高潮位，特别重要的、破坏后影响大的，可提高到 20 年一遇高潮位；龙口不跨汛或工程等别在Ⅲ等及以下时，龙口保护的防潮标准可取相应保护期 5 年～10 年一遇高潮位。跨 3 个汛期以上或介于上述两种情况时，防潮标准应经分析论证确定。潮型以最不利原则确定，可按龙口保护设计高潮位、平均低潮位及平均涨落潮历时3个参数拟合，或按相应重现期最大潮差拟合。

4.1.9 龙口合龙设计防潮标准应根据工程等别和合龙施工期长短确定。施工期在7天以内，合龙防潮标准宜取合龙期（汛期或非汛期）预报高潮位及其相应预报潮位过程；Ⅰ、Ⅱ等工程且合龙施工过程超过半个月，合龙防潮标准宜取合龙期（汛期或非汛期）5年～10年一遇高潮位，潮型宜根据合龙期连续3天的最高高潮位潮型和最大潮差潮型二者拟合，取不利者。介于上述二者之间，可采用合龙期最不利潮型。

4.1.10 促淤坝为海塘的一部分时，其防潮标准应结合海塘要求分析论证。促淤坝为海塘的保滩结构时，其防潮标准应结合保滩工程标准统筹考虑。

4.1.11 纳潮口保护期的防潮标准与促淤坝一致，并取本标准表4.1.3确定的重现期对应的最不利潮型。纳潮口合龙的防潮标准与龙口合龙标准一致，按本标准第4.1.9条确定。

4.1.12 保滩工程的防潮标准应综合保滩结构与海塘的结合程度、破坏后对海塘的安全影响、修复代价和难易程度等因素确定：

1 保滩结构与海塘一体，破坏后直接影响海塘安全时，保滩工程的防潮标准应与海塘一致。

2 滩势处于稳定临界状态，进一步冲刷将直接导致海塘破坏，保滩工程的防潮标准宜与海塘一致。

3 保滩结构破坏后不会直接导致海塘破坏，可及时修复，且代价不大，保滩工程的防潮标准可较海塘标准降低1级～2级。

4 以保护湿地、鸟类保护区等为目的的保滩工程防潮标准应根据保护内容的重要性和规模专门论证。

4.1.13 滩涂治理与海塘工程设计使用年限应根据现行行业标准《水利水电工程合理使用年限及耐久性设计规范》SL 654相关要求确定。

4.1.14 滩涂治理与海塘工程沉降控制基准期可参照下列规定：

1 促淤坝取3年～5年，1级海塘取30年，2级～4级海塘取10年～20年。

2 穿堤涵闸等不易加高加固的建筑物取50年。

4.2 波浪与风速设计标准

4.2.1 滩涂治理与海塘工程的波浪与风速设计标准应采用与设计潮位相同的重现期。设计风速取值可参见本标准附录A，也可采用与设计潮位具有相同重现期的定级风或定级风上、下限表示。

4.2.2 海塘工程宜按不允许越浪设计。根据海塘结构特点、建设维护成本及保护对象，经论证可按允许越浪设计的，越浪量应按表4.2.2控制。对于1级、2级或有重要防护对象的允许部分越浪海塘，应通过物理模型试验验证允许越浪量，以及堤顶和背水坡护面的防冲稳定性。

表 4.2.2 堤顶允许越浪量

序号	海塘表面防护形式或堤顶功能要求	允许越浪量[m^3/(s·m)]
1	堤顶为宽度不小于6 m的混凝土、沥青混凝土路面或砌石路面，背坡及内青坎共有宽度不小于15 m生长良好的草地，堤内排水条件良好	≤0.02
2	堤顶及内坡和内青坎共有不小于20 m宽度范围内有混凝土、砌石或沥青混凝土护面，堤内排水条件良好	≤0.05
3	堤顶为交通干道（城市次干路以上，二级公路及以上）	$\leqslant 10^{-6}$
4	堤顶有难以中断的一般性交通（城市支路，三级公路）	$\leqslant 10^{-5}$

注：表中第3项、第4项按不允许越浪设计时进行越浪量校核。

4.2.3 在进行堤顶高程计算时，波浪爬高累积频率标准应符合

表 4.2.3 的规定。

表 4.2.3　波浪爬高累积频率标准

海塘越浪设计条件	波浪累积频率(%)
按不允许越浪设计	2
按允许部分越浪设计	13

4.2.4　对于直立式、斜坡式堤坝护面的强度和稳定性计算，设计波高(H_F)的波列累积频率标准应按表 4.2.4 采用。当推算出的波高大于浅水极限波高时，设计波高(H_F)应采用极限波高。

表 4.2.4　设计波高的波列累积频率标准

海塘型式	部位	计算内容	波高累积频率 F(%)
直立式	防浪墙、墙身、闸门、闸墙	强度和稳定性	1
	基础垫层护底块石	稳定性	5
斜坡式	混凝土板护坡、防浪墙、闸门、闸墙	强度和稳定性	1
	灌砌石护坡，干砌块石、块体护坡	稳定性	13*
	护底块石、块体	稳定性	13
海塘前的潜堤	护面块石、块体	稳定性	13

注：* 当平均波高与水深的比值 $\overline{H}/d_{前}$ 小于 0.3 时，F 宜采用 5%。

4.3　安全加高值与稳定安全系数

4.3.1　海塘工程设计的安全加高值应符合表 4.3.1 的规定。1 级海塘重要堤段的安全加高值经论证后可适当加大，但不宜大于 1.5 m。

表 4.3.1 海塘工程安全加高值

建筑物级别	安全加高(m)	
	不允许越浪	允许部分越浪
1	1.0	0.5
2	0.8	0.4
3	0.7	0.4
4	0.6	0.3
5	0.5	0.3

4.3.2 海塘及保滩促淤坝整体抗滑稳定可采用瑞典圆弧法及改良圆弧法,其安全系数根据建筑物级别和运用条件而定,不小于表4.3.2规定的数值。特别重要或地质条件十分复杂的工程,可采用毕肖普法或其他方法及相应的安全系数复核。

表 4.3.2 瑞典圆弧法整体抗滑稳定安全系数

建筑物级别		1	2	3	4	5
安全系数	正常运用条件	1.30	1.25	1.20	1.15	1.10
	非常运用条件Ⅰ	1.20	1.15	1.10	1.05	1.05
	非常运用条件Ⅱ	1.10	1.05	1.05	1.00	1.00

注:地震力(荷载)计算按现行国家标准《水工建筑物抗震设计标准》GB 51247执行;非常运用条件Ⅰ主要为施工期工况,非常运用条件Ⅱ主要为地震等稀遇工况,具体运用条件详见本标准第9.3.3条。

4.3.3 防浪墙的抗滑稳定安全系数不应小于表4.3.3的规定。

表 4.3.3 防浪墙抗滑稳定安全系数

建筑物级别	1	2	3	4	5
正常运用条件	1.35	1.30	1.25	1.20	1.20
非常运用条件Ⅰ	1.20	1.15	1.10	1.05	1.05
非常运用条件Ⅱ	1.10	1.05	1.05	1.00	1.00

4.3.4 防浪墙的抗倾稳定安全系数不应小于表 4.3.4 的规定。

表 4.3.4 防浪墙抗倾稳定安全系数

建筑物级别	1	2	3	4	5
正常运用条件	1.60	1.55	1.50	1.45	1.40
非常运用条件Ⅰ	1.50	1.45	1.40	1.35	1.30
非常运用条件Ⅱ	1.40	1.35	1.30	1.25	1.20

4.4 围区配套工程设计标准

4.4.1 圈围工程的围区配套工程设计宜包括内部灌排河道、水闸、泵站、引(供)水系统、排水系统、桥梁、道路等。

4.4.2 围区永久排水标准应根据现行上海市地方标准《治涝标准》DB31/T 1121 确定:不低于 20 年一遇重现期最大 24 h 面暴雨量、24 h 排除、不受涝(面雨量和设计雨型参见本标准附录 D),设计潮型采用对排水口门规模最不利者。在围区使用功能尚未明确时,围区排水标准可按临时排水考虑,取 5 年一遇 24 h 暴雨 3 日排出与施工期吹填排水二者之大者,汛期吹填等特殊情况经论证可取二者叠加。

4.4.3 灌排河道、水闸、泵站和引排水系统等建筑物设计标准应满足防洪排涝总体规划要求。

4.4.4 围区交通道路标准应根据围区使用功能要求,按照现行行业标准《公路工程技术标准》JTG B01 选定;在围区使用功能尚未明确时,应满足防汛抢险以及日常管理维修要求。海塘堤顶路面和路基的设计荷载应予以控制,3 级以上海塘设计荷载不宜低于公路-Ⅱ级车道荷载。

5　设计潮位与波浪

5.1　设计潮位

5.1.1　上海地区滩涂治理与海塘工程设计潮位宜采用上海吴淞高程基准。

5.1.2　设计重现期潮位应采用频率分析的方法确定，统计潮位站宜具有不少于连续30年的年极值资料，并应调查历史上曾经出现的最高或最低潮位值。

5.1.3　特征潮位宜按年、非汛期或施工组织要求的特定时段进行统计。

5.1.4　潮位频率分析的线型宜采用P-Ⅲ型分布曲线，具体分析计算可按现行国家标准《海堤工程设计规范》GB/T 51015相关要求执行。

5.1.5　滩涂治理与海塘工程的设计潮位，可根据工程位置就近按本标准附录B查算或由临近潮位站设计潮位结果插值确定；Ⅲ等及以上工程的设计潮位除按本标准附录B查算或插值确定外，宜进行专题分析。

5.1.6　潮位可能因工程自身影响产生较大变化或者工程位置河床冲淤变化较大时，宜对设计潮位进行专题分析。

5.2　设计风速

5.2.1　设计重现期风速应采用频率分析的方法确定，统计风速站应具有不少于连续30年的年极值资料，并应调查历史上曾经出现的特大风速值。

5.2.2 风速统计应采用标准风速值，即地面以上 10 m 高度处逐时观测的时距为 10 min 的风速平均值。设计风速应采用相应位置所测风速。对于所采用风速资料不符合上述要求的，应采用适当的方法将其换算。

5.2.3 Ⅲ等及以下工程的设计风速，可根据工程位置就近按本标准附录 A 查算；Ⅰ、Ⅱ等工程的设计风速除按本标准附录 A 查算外，宜进行专题分析。

5.3 设计波浪

5.3.1 当工程所在位置或其附近有长期的波浪实测资料时，设计重现期波高应采用分方向的频率分析方法确定。测波站应具有不少于连续 20 年的年极值资料，并应包含历史上曾经出现的大风影响的波浪资料。波高的频率曲线可采用 P-Ⅲ型或极值Ⅰ型分布曲线；经分析论证，也可选配其他理论频率曲线。

5.3.2 当工程所在位置或其附近有完整一年或几年的短期波浪实测资料，且具有实测大波资料时，设计波浪可用全部观测次数不分方向的某一累积频率的波高计算，相关计算可按现行国家标准《海堤工程设计规范》GB/T 51015 有关要求执行。

5.3.3 当工程所在位置及其附近无测波资料时，设计波浪的推求可按下列方法进行：

1 工程所在位置面向长江口、杭州湾外开敞海域的，可在深水波要素推算基础上，依据浅水变形方法推算。深水波要素可根据工程位置按本标准附录 C.0.1 查算。

2 工程位于杭州湾或长江口内基本不受涌浪影响的水域，可采用风速推算波浪的方法，按本标准附录 C.0.2 莆田海堤试验站风浪计算公式；在主风向两侧水域宽广的开敞海域，风区长度可按本标准表 C.0.2 极限风区确定。

3 采用数学模型计算波浪时，开敞水域风场范围应不小于极限风区长度，非开敞水域风场范围应包含有限风区内所有水域。

5.4 波浪浅水传播变形计算

5.4.1 波浪浅水变形计算应包括浅水效应、波浪折射、波浪破碎和波浪绕射等。对Ⅲ等以上工程，宜采用数学模型进行近岸浅水波浪变形计算，并进行合理性分析。

5.4.2 波浪浅水变形计算应符合下列规定：

1 计算的起始水深，长江口和杭州湾口内可取风区平均水深，外围开敞水域可按本标准附录 C.0.1 中给出的深水波要素位置取相应等深线附近的水深。

2 波浪向近岸浅水区传播时传播距离较近且未发生波浪破碎，可假定平均波周期不变，可按本标准附录 C.0.3 计算。

3 波浪向近岸浅水区传播距离较远时应分段计算，并考虑河床底摩阻作用和风能输入；地形较为复杂时，宜采用波浪浅水变形数学模型计算。

4 当波浪浅水变形计算得到的波高大于该处的极限波高时，设计波高取极限波高。

5.4.3 工程前沿存在对波浪传播有掩护作用的岛屿、出水沙洲、丁坝、潜堤等且工程位置在绕射影响区域内，波浪计算还应考虑波浪绕射作用，波浪绕射系数可按现行行业标准《港口与航道水文规范》JTS 145 确定。当地形复杂时，宜采用波浪折射-绕射数学模型计算确定。

5.4.4 海塘前沿有保滩坝、促淤坝等消浪结构时，可按本标准附录 C.0.4 计算消浪效果。

5.4.5 破碎波高可按下列规定确定：

1 规则波在浅水中发生破碎时，破碎波高 H_b 可按本标准附录 C.0.5 确定。

2　不规则波列中大于或等于有效波高的波浪，其破碎波高可按本标准附录C.0.5所得的值乘以0.88的系数确定；也可按下式计算深水波长 L_0 后，再按本标准附录C.0.5方法计算确定：

$$L_0 = 1.17\overline{T}^2 \tag{5.4.5}$$

当海底坡度 i 小于1/140时，波浪的破碎波高与破碎水深比值的最大值可按表5.4.5确定。

表5.4.5　缓坡上破碎波高与破碎水深最大比值

i	1/1 000	1/500	1/400	1/300	1/200	1/140
H_b/d_b	0.60	0.60	0.61	0.63	0.69	0.78

5.4.6　确定海塘前波高时，应对累积频率 F 的波高 H_F 与破碎波波高 H_b 进行比较。当 $H_F \leqslant H_b$ 时，堤前波高取 H_F；当 $H_F > H_b$ 时，堤前波高取 H_b。

5.4.7　不规则波的累积频率 F 的波高 H_F 可按本标准附录C.0.6确定。

5.5　波浪爬高和越浪量计算

5.5.1　波浪爬高计算应采用不规则波要素作为计算条件，并取堤脚前约1/2波长处的波浪要素；当堤脚前滩涂坡度较陡时，则取靠近堤脚处的波浪要素。

5.5.2　常见护面结构糙渗系数及波浪爬高计算可按本标准附录E确定。3级及以上海塘或复杂断面海塘，波浪爬高值宜结合物理模型试验确定。

5.5.3　越浪量可根据海塘的实际情况选择本标准附录F中适当公式计算。3级及以上海塘的越浪量宜通过断面物理模型试验确定。

5.6 波浪作用力计算

5.6.1 波浪作用力计算的波要素应按本标准第5.5.1条执行。

5.6.2 波浪作用力可根据护面型式,按本标准附录G计算确定。

5.6.3 淹没情况下的半圆型堤坝的波浪力宜采用出水堤公式(修正的合田公式)、潜堤公式(谢世楞修正公式)或其他经验公式计算分析,有关公式见本标准附录G。

5.6.4 圆弧面堤坝可采用半圆堤正向水平波浪力乘以修正系数的简化计算方法。堤顶淹没情况下修正系数可取1.3,堤顶出水情况下修正系数可取1.1。

5.6.5 复杂断面海塘,波浪作用力宜结合物理模型试验确定。

6 工程总体布置

6.1 一般规定

6.1.1 滩涂治理与海塘工程总体布置应与岸线、土地等相关规划相协调。省界附近滩涂治理与海塘工程总体布置应加强与相邻省份的协调。

6.1.2 滩涂治理应根据不同功能定位,采用保滩、修复、促淤、圈围及疏浚等不同类型措施。受侵蚀的滩涂宜采用保滩、修复措施。滩面高程较低且沿岸泥沙输移量较大的滩涂,不满足滩涂资源保护与利用要求时宜采取促淤措施。有开发利用要求的滩涂,可采用圈围措施。有防治河势和生态环境要求的,可采取疏浚、保滩、生态减灾修复等措施。

6.1.3 滩涂治理与海塘工程总体布置应综合保滩促淤、生态治理效果与整体效益确定其范围和规模,包括但不限于堤(坝)平面布置、分区布置、纳潮口及龙口选址、围区排水、交通系统布置等内容。堤(坝)外侧为冲刷岸滩时,应考虑采取保滩措施。

6.1.4 工程总平面布置应在分析工程及临近区域河势和滩势演变规律的基础上,考虑河势影响与环境保护等方面的要求,根据现状地形、地质条件,综合拟建工程规模、邻近已有工程现状、施工条件、防汛抢险、堤岸维修管理、征地拆迁等因素,经过技术经济比较后分析确定。

6.1.5 总平面布置方案的合理性宜开展潮流、泥沙等数学模型分析,Ⅰ等工程及特别复杂的工程宜同步开展整体物理模型试验。

6.2 保滩促淤总体设计

6.2.1 保滩促淤工程设计应掌握工程岸段的地形、地质、潮位、潮流、泥沙、风速、风向、波浪等基本资料，进行岸滩冲淤变化规律与趋势分析以及工程前后的滩面稳定性分析。大规模保滩促淤工程宜根据保滩促淤效果、工程安全提出分区分期实施顺序。

6.2.2 保滩促淤可采取工程和生物措施，其中工程措施包括丁坝、勾坝、顺坝、护坎、潜堤、护底、礁体等，生物措施包括种植芦苇、海三棱藨草等。

6.2.3 保滩促淤工程平面布置应遵循下列原则：

1 利于河势滩势稳定。

2 利于消浪缓流，泥沙落淤，减少冲刷。

3 利于与后期工程结合。

4 利于营造多样的生物生境基底。

6.2.4 保滩促淤工程布置可采用丁坝群、勾坝群、顺坝、顺隔坝组合等方式。当波浪的传播方向与岸线交角较大或保滩促淤区范围较大时，宜采用顺隔坝等组合方式。

6.2.5 丁坝群、勾坝群保滩促淤的平面布置应符合下列要求：

1 在凹岸，丁坝间距可取坝长的2倍～3倍；在凸岸和顺直岸段，可取坝长的3倍～5倍；重要工程应有专门论证。

2 丁坝轴线宜与潮流向基本正交，且宜设置一定的离岸向纵坡。对于短丁坝，纵坡坡度可取1%左右，岸滩纵坡陡峻时可放坡。

3 勾坝间距较丁坝间距大，勾头宜朝向主要来沙方向。涨落潮流双向强度相当时，宜用T型勾坝。

4 丁坝群坝头的连线，宜与潮流向大致平行，不宜使个别坝头凸出或凹进。

6.2.6 顺、隔坝平面布置应符合下列要求：

1 消浪保滩顺坝的离岸距离应根据波要素、水深、地形和结构断面，结合数学模型或物理模型试验确定；促淤顺坝的离岸距离应根据促淤范围确定，可不拘泥于后续海塘工程堤线布置；同时，应考虑工程整体经济合理性和河势影响。

2 顺坝上可设置有利于泥沙进入的口门。

3 长顺坝中间宜设置一定数量的隔坝，促淤区隔坝布置应按本标准第6.4节确定。

6.2.7 促淤工程宜包括下列淤积效果分析：

1 收集邻近区域冲淤实测资料。

2 分析促淤工程实施前后促淤区内流场、流速变化。

3 分析工程前后及实施过程中滩面冲淤量，有条件时按季节统计分析。

4 分析风浪对工程区冲淤的影响。

5 预测促淤合理年限及分年度淤积效果。

6.2.8 促淤效果分析宜采用相邻工程实际淤积效果类比、经验公式计算、泥沙数学模型分析等方法，5万亩以上促淤工程宜进行物理模型试验。

6.2.9 滩面上的泥沙运动及淤积效果计算，可选用本标准附录H的经验公式。

6.2.10 生物保滩或生物促淤宜布置在波浪、水流动力较小区域，应根据滩面高程、水位、盐度、风浪等因素综合确定。

6.2.11 人工吹填养滩宜与疏浚弃土利用结合，可按下列要求设计：

1 为减少吹填土的流失，宜选用粒径较大的土源，中值粒径可取原滩面土中值粒径的1.0倍～2.0倍。

2 在低水位以上的吹填土坡度，可大致与天然岸坡相平行；在低水位以下的吹填土坡度可稍陡，以使吹填土坡面与天然岸坡相交。

6.3 海塘工程总体设计

6.3.1 堤线布置应顺应河势，宜选择工程地质条件较好、滩面冲淤稳定的地基；堤线走向宜选取对防浪有利的方向。

6.3.2 堤线宜顺直平滑，尽可能避免折点；确需折点连接时，转折段应平顺连接。迎浪向堤段不宜布置成凹向，无法避免时，凹角应大于 150°。

6.3.3 堤线布置与城市景观、道路等结合时，应统筹协调，并应结合与海塘交叉连接的建(构)筑物统一规划，合理安排，综合选线。

6.3.4 对处于河势控制节点河段或流态复杂河段的工程，堤线布置应通过多种手段和途径论证比选确定。

6.3.5 先促淤后圈围的工程，堤线布置可考虑堤身与促淤坝结合，也可考虑二者分离。二者分离时，间距应结合消浪、堤身稳定、工程投资、生态建设等因素综合分析确定，堤脚与促淤坝中心线间距宜大于 1/2 波长。

6.3.6 海塘达标工程宜结合堤线现状及周边改扩建条件理顺岸线。

6.3.7 堤外坡宜设置维修养护及巡查通道，间距宜取 0.5 km～2 km。

6.4 分区布置、纳潮口及龙口选址

6.4.1 保滩促淤工程的分区布置应考虑分隔区风浪及流场等水动力条件，减少风浪掀沙，增加落淤效果。

6.4.2 圈围工程的分区布置应综合围区的使用功能、施工期交通组织、龙口设置与合龙风险、龙口与隔堤(坝)的总投资等因素，分析比较后确定。

6.4.3 隔堤的布置应有利于合龙施工及方便施工交通。

6.4.4 纳潮口和龙口的位置主要根据堤线沿程的地形、地质条件及水力条件，宜布置在沿堤滩地的汊道、潮沟中，既保证分区内、外水体较为畅通的进出，又减少局部滩地的冲刷。

6.4.5 纳潮口的位置应有利于泥沙在促淤区沉降落淤。

6.4.6 龙口的位置应有利于合龙工艺的实施。同步设置水闸的围区，龙口与水闸间应有一定距离，避免相互干扰。

6.5 围区排水与交通系统布置

6.5.1 圈围工程围区设计应考虑围区永久引、排水要求，并宜将永久引、排水与临时引、排水相结合，统一考虑。

6.5.2 围区内的永久性排水系统布置应以批准的区域总体规划和水利规划为主要依据，结合围区建设需求与可能，从全局出发，综合考虑各种因素，通过全面论证，确保工程安全可靠、经济合理、保护环境、节约土地。

6.5.3 围区使用功能难以确定时，围区永久性排水可按一般农用地考虑，水面率不宜小于15%。

6.5.4 围区排水渠道或管道应布置在排水区域内地势较低或便于雨水汇集的地带。

6.5.5 临时排水口可布设在围区死角或远离排泥管线出口的地方，并应能就近向围区外排水。

6.5.6 围区交通系统应结合堤线、围区隔堤、建筑材料的运输和施工需要等进行布置。

6.5.7 围区临时道路宜与永久道路相结合。

6.6 河势影响与环境保护分析

6.6.1 总平面布置方案对周边河势和环境影响应作专门的分析

评价，对邻近重要河段的河势和相关涉水工程的影响应通过数学模型或物理模型论证分析。模型应根据现场观测资料进行率定验证。

6.6.2 工程河势影响特别复杂且敏感时，宜采用不少于2套数学模型论证，有条件时宜结合物理模型试验论证。

6.6.3 针对河势影响和环境影响分析，应对不利影响研究提出有效的对策措施，控制不利影响的范围和程度。

7 保滩促淤设计

7.1 一般规定

7.1.1 保滩促淤坝结构型式及材料应因地制宜、安全可靠、经济实用。

7.1.2 保滩促淤坝断面型式主要包括土石斜坡堤、沉箱式直立堤、排架式透空堤、排桩与抛石结合的复合堤、半圆形沉箱等。

7.1.3 条件允许时，宜优先采用生物保滩促淤措施。

7.2 保滩促淤工程建筑材料

7.2.1 保滩促淤工程主要建筑材料包括土料、石料、砂砾料、混凝土和土工织物等，材料的选择应符合相关规定。

7.2.2 可采用黏性土或砂性土作为保滩促淤坝的填芯土料。采用水力充填法筑坝时，充泥管袋、袋装砂及软体排砂肋充灌用砂粒径大于 0.075 mm 的含量宜大于总量的 50%，粒径小于 0.005 mm 黏粒含量不宜大于 10%；坝芯吹填用砂粒径大于 0.075 mm 的含量宜大于总量的 50%，粒径小于 0.005 mm 黏粒含量不宜大于 15%。

7.2.3 石料应质地新鲜、坚硬完整、抗风化性能好；块石重量应根据不同部位构造要求及计算确定；砌石料外形宜为有砌面的长方体，边长比宜小于 4，同时单块尺度应满足一层砌石厚度不小于 30 cm。石渣料作为堤身填筑时，其固体体积率宜大于 76%。

7.2.4 砂砾料应耐风化、水稳定性好，含泥量宜小于 5%。

7.2.5 混凝土宜采用商品混凝土，特殊情况必须现场拌制时，不得使用含氯度高于 250 mg/L 的水。混凝土的强度等级：钢筋混凝土不应低于C35，预制素混凝土块体不宜低于C30，现浇素混凝土护面和砌石混凝土不宜低于C25，素混凝土垫层不应低于C20。

7.2.6 保滩促淤工程中常用的土工合成材料主要包括土工织物（含织造土工织物和非织造土工织物）及土工格栅，主要用于堤基水平加筋、护底防冲、充泥管袋、堤身反滤保土等，其规格应根据堤坝部位及所在位置的水流和风浪条件、接触的土质和使用功能等要求，按相关土工合成材料规范计算确定。

7.2.7 用作堤身反滤保土的土工织物，应同时满足保土性、透水性和防堵性的技术要求，宜优先采用非织造土工织物或非织造土工织物的复合土工织物。

7.2.8 土工织物拼缝搭接应符合下列要求：

1 土工合成材料幅宽应尽量大，并应尽量工厂化分幅拼接，减少现场搭接。

2 土工织物采用双线包缝拼合，缝的抗拉强度应不低于土工织物标称断裂强度的60%，加筋带、砂肋套、绑扎环接缝强度不低于土工织物标称断裂强度的70%。

3 土工材料应垂直于堤坝轴线方向搭接，搭接宽度可为布幅的10%，水上施工部位搭接不宜小于0.5 m，水下搭接不宜小于2 m；软体排水下搭接不宜小于3 m，在流速大的部位如纳潮口及龙口等特殊位置不宜小于5 m。

7.2.9 人工块体、礁体等材料的强度、稳定性应满足现行国家标准《海堤工程设计规范》GB/T 51015相关要求。

7.2.10 保滩促淤工程建筑材料的防腐要求可参照现行行业标准《水运工程结构耐久性设计标准》JTS 153执行。

7.3 保滩促淤坝结构

7.3.1 保滩促淤坝坝顶高程确定遵循下列原则：

1　保滩丁坝坝顶高程宜高于平均低潮位。

2　设有纳潮口的促淤隔坝、顺坝坝顶高程，宜在平均高潮位至10％累积高潮位或大潮平均高潮位以上1.0 m之间，并宜比预期的坝内促淤后平均滩面高1.0 m以上。工程区域受波浪作用较小时，坝顶高程取低值；反之，坝顶高程宜取高值。

3　作为施工通道的丁坝、隔坝，坝顶高程可取3年～5年一遇高潮位。

4　保滩促淤坝设计应预留工后沉降量。

5　为提高工程效益和保滩促淤效果，当设计风浪较小、滩面高程较低(吴淞基准面－2.0 m以下)时，可研究采用保滩促淤坝分期加高，待坝内产生一定淤积后，逐步加高至设计高程。

7.3.2　斜坡式保滩促淤坝坝顶宽度可取1.10倍～1.25倍设计波高值，且在构造上至少应能规则安放2排或随机安放3块人工块体。采用陆上推进施工的隔坝，尚应考虑施工机械作业对顶宽的要求。

7.3.3　斜坡式保滩促淤坝坝坡应根据坝身结构、护面材料，经稳定分析确定，初步拟定时可按1∶1.5～1∶3选取。重要工程和新型保滩促淤坝结构应通过波浪物理模型试验确定，且应采用不规则波进行试验。

7.3.4　斜坡式保滩促淤坝护面应根据具体情况分析选用适当的护面型式。常用的护面型式包括理砌块石、干砌块石、灌砌块石、模袋混凝土、预制混凝土异型块体、格宾网石笼、混凝土砌块和混凝土栅栏板等，应符合下列要求：

1　保滩促淤坝外侧和坝顶在设计水位上、下约1.0倍设计波高范围内波浪作用最剧烈，块石、块体等稳定单重按本标准附录J计算确定。其他范围应符合下列要求：

1）当水下抛石棱体的顶面高程在平均低潮位以下约1.0倍设计波高和1.5倍设计波高时，棱体的块石重量可分别按本标准附录J计算的块石重量的1/5和

1/10 确定。

2）外坡在平均低潮位以下 1.0 倍～1.5 倍设计波高之间的护面块体重量可按本标准附录 J 计算的块体重量的 1/5 确定。

3）外坡垫层块石的重量可按本标准附录 J 计算的块体重量的 1/20～1/10 确定。对于四脚空心方块和栅栏板护面，其垫层块石按不超过护面空隙尺度确定。

2 抛石保滩促淤坝内侧在平均低潮位以上的护面结构同外侧要求，平均低潮位以下的宜采用与外坡护面垫层相同重量的块石，且应按堤内侧波浪进行复核。

7.3.5 保滩促淤坝两侧滩地防护范围应根据堤（坝）所在区域河势分析成果，考虑沿堤流、越堤流、波浪淘刷和渗流作用，预测可能出现的冲刷范围和冲刷深度，满足保滩促淤坝稳定并综合考虑后续海塘工程建设的需要确定。其中，冲刷深度计算可按下列规定执行：

1 斜坡堤前波浪底流速引起的冲刷深度可按行业标准《防波堤与护岸设计规范》JTS 154—2018 附录 D 计算。

2 堤前沿堤流产生的冲刷深度可根据国家标准《堤防工程设计规范》GB 50286—2013 附录 D 计算，并参照邻近类似工程的实测资料分析修正。

3 丁坝坝头局部冲刷可根据国家标准《堤防工程设计规范》GB 50286—2013 附录 D 和行业标准《航道工程设计规范》JTS 181—2016 附录 A 计算，并参照邻近类似工程的实测资料分析修正。

7.3.6 保滩促淤坝外海侧坡脚抗波浪底流冲刷的护脚块石或预制混凝土异型块体的稳定重量应按本标准附录 J 计算。

7.3.7 桩式保滩促淤坝适用于低滩，可采用单排或双排及多排排架式，坝基应有一定范围的护底，宜与抛石结合以提高桩身稳定、减小桩身受力。桩型可采用 PHC 空心管桩、U 型桩、钢筋混凝土方桩等。桩式坝应考虑运行和维护要求。桩的结构设计可按现行行业标准《码头结构设计规范》JTS 167 的有关方法确定。

7.3.8 沉箱式直立堤、半圆形沉箱、透空块体等型式的保滩促淤坝，可参照防波堤相关规定设计，并应充分考虑保滩促淤功能的特殊性。

7.4 纳潮口设置

7.4.1 纳潮口布置应遵循下列原则：

1 有利于形成围内缓流区，提高保滩促淤效果。

2 选择地质条件较好岸段，有利于保护纳潮口。

3 纳潮口底坎高程设置有利于底部高含沙水体进入保滩促淤区。

4 有利于今后龙口的布置和施工。

5 纳潮口布置可根据有利于保滩促淤的原则，采用集中布置或分散布置。

7.4.2 纳潮口规模可由水动力数学模型计算确定，Ⅱ等及以上的保滩促淤工程宜采用物理模型验证。纳潮口规模计算宜采用与保滩促淤坝相同的防潮标准，潮型取计算流速最大的高潮位潮型或最大潮差潮型等代表性潮型。纳潮口设计控制流速不宜大于 3.5 m/s。

7.4.3 纳潮口底坎高程宜接近平均低潮位。位于较低滩地上的纳潮口，经论证可采用分期加高的结构型式，初始底坎高度不宜低于 1.0 m；纳潮口断面结构应方便后期加高和其他后期工程的实施。

7.4.4 纳潮口防冲保护范围应考虑水流和波浪作用，并加强纳潮口与保滩促淤坝连接段滩地的保护。

7.4.5 纳潮口护底采用软体排、土工护垫等防冲措施时，应根据水流、波浪作用计算强度和稳定性。软体排宜按本标准附录 K 计算。

7.4.6 软体排铺设应符合下列要求：

1 排体搭接宽度不宜小于 5 m，且不小于排体宽度的 1/10。

2 排体搭接方向应根据运行期主流向确定，上游覆盖下游。

3 相邻排体的长度差别不宜大于排宽 1/3，且不宜大于 5 m，避免突变导致局部冲刷。

7.5 生物保滩促淤设计

7.5.1 采用生物保滩促淤的可依据滩面高程、水位、盐度、风浪、土壤营养等选择适宜的喜水、耐盐、抗风浪的植物，应优先选用芦苇、海三棱藨草等乡土物种，严防外来物种入侵。

7.5.2 植物种植方法可根据植物类型、种植条件选用移栽法、种子播种法、扦插法等。

7.5.3 芦苇可采用移栽法，缺苗、缺根时也可采用扦插法种植。

7.5.4 海三棱藨草种植除采用移栽法外，可采用麻袋辅助定居的方式种植海三棱藨草草籽。

7.5.5 礁体设计宜参照现行行业标准《人工鱼礁建设技术规范》SC/T 9416 执行。

8 堤身设计

8.1 一般规定

8.1.1 堤身结构应安全可靠、经济实用、就地取材，便于施工和维护，与周边环境相协调，并应满足防汛和管理的要求。

8.1.2 堤身应满足在洪、潮、风浪作用下的稳定、强度和耐久性要求，满足工程合理施工及在设计标准下运行的安全。

8.1.3 堤身设计应根据地形、地质、潮汐、风浪、筑堤材料和管理要求分段进行设计。堤身各部位的结构与尺寸，应经稳定计算、沉降计算和技术经济比较后确定。

8.1.4 堤身设计应包括筑堤材料及填筑标准、堤顶高程、堤身断面型式与结构布置、堤顶与护面结构、消浪措施、岸滩防护和龙口与合龙等设计内容，并宜充分考虑景观、生态方面的要求。

8.1.5 通过古河道、溃口复堵、港汊等地段的海塘堤身断面，应根据水流、堤基、施工方法及筑堤材料等条件，并结合当地的实践经验，认真研究后确定。

8.1.6 在满足工程安全和管理要求的前提下，堤身可与码头、道路等相结合并统筹安排。

8.2 筑堤材料与填筑标准

8.2.1 与促淤工程相同种类的筑堤材料的技术要求，可按本标准第 7.2 节的规定执行。

8.2.2 采用充泥管袋合龙时，充填用砂粒径大于 0.075 mm 的含量宜大于总量的 75%，粒径小于 0.005 mm 的黏粒含量宜控制在

5%以下。

8.2.3 土堤的填筑标准应根据海塘级别、堤身结构、土料特性、自然条件、施工机具及施工方法等因素，综合分析确定。

8.2.4 高滩区采用黏性土时宜用分层压实法施工，含水率与最优含水率的偏差宜为±3%；黏性土的填筑标准应按表 8.2.4 规定的压实度控制。4 级以下海塘，受土源限制时，经论证可适当降低标准。

表 8.2.4 黏性土压实度

海塘级别及堤高	压实度
1 级海塘	≥0.95
2 级海塘和高度不低于 6 m 的 3 级海塘	≥0.93
高度低于 6 m 的 3 级海塘及以下海塘	≥0.91

8.2.5 砂性土的填筑标准应结合施工工艺确定。水力充填的海塘，干容重不低于 14.5 kN/m^3；采用干施工工艺筑堤时，相对密度值应符合表 8.2.5 的规定。

表 8.2.5 砂性土相对密度 D_r

海塘级别及堤高	相对密度
1 级、2 级海塘和高度不低于 6 m 的 3 级海塘	≥0.65
高度低于 6 m 的 3 级海塘及以下海塘	≥0.60

注：抗震要求应按现行国家标准《水工建筑物抗震设计标准》GB 51247 的有关规定执行。

8.2.6 采用淤泥或淤泥质土及粉细砂作为堤身填筑材料时，可加大堤身断面、放缓堤坡并延长工期，同时宜采取排水固结、添加固化剂等有效处理措施保证堤身稳定。

8.2.7 溃口复堵、港汊堵口、水中筑堤等难以按本标准第 8.2.4 条和第 8.2.5 条执行时，设计填筑标准应根据采用的施工方法、土料性质等条件，结合已建成的类似海塘工程的填筑标准分析确定。

8.2.8 充泥管袋可用于构筑海塘的棱体、闭气土、施工围堰等。

充泥管袋应符合下列要求：

1 充泥管袋袋布应采用具备强度、抗冲、排水及保土等性能的编织布或机织布，袋布规格及有关设计参数宜根据吹填土的颗粒组成、管袋大小、充填及就位方式、风浪及水流作用、耐久性要求等确定。

2 采用充泥管袋作内外棱体、堤芯为吹填土时，充泥管袋充盈度宜控制在85%左右。

3 全断面采用充泥管袋及水中抛填砂袋时，为保证堤身袋体搭接密实，袋体充盈度宜控制在50%左右。

8.3 堤顶高程

8.3.1 堤顶高程应根据设计高潮（水）位、波浪爬高及安全加高值按式（8.3.1）计算，并应高出设计高潮（水）位1.5 m以上。

$$Z_P = h_P + R_F + h_A \tag{8.3.1}$$

式中：Z_P——堤顶高程（m）；

h_P——设计频率的高潮（水）位（m）；

R_F——按设计波浪计算的累积频率为F的波浪爬高值（按不允许越浪设计时$F=2\%$，按允许越浪设计时$F=13\%$）（m）；

h_A——安全加高值（m），按本标准第4.3.1条规定选取。

8.3.2 按允许部分越浪设计时，堤顶高程按式（8.3.1）计算后，还应复核越浪量。计算采用的越浪量不应大于本标准表4.2.2所规定的允许越浪量。

8.3.3 当堤顶外侧设有稳定坚固的防浪墙时，堤顶高程可算至防浪墙顶面。但不计防浪墙的堤顶高程仍应高出设计高潮（水）位0.5倍$H_{1\%}$。

8.3.4 按允许部分越浪设计的海塘，当计算越浪量超过规定时，应通过加高堤身或者采用设置平台、人工消浪块体、消浪堤和防浪林等措施减少越浪量。人工块体主要包括扭王块体、翼型块体、四脚空心方块和螺母块体等。

8.3.5 按允许部分越浪设计时，在保证海塘自身安全及堤后越浪水量排泄畅通的前提下，堤顶超高可不受本标准第 8.3.1～8.3.3 条规定的限制，但不计防浪墙的堤顶高程仍应高出设计高潮（水）位不小于 0.5 m。

8.3.6 海塘设计应预留工后沉降量。预留沉降量应按本标准第 9.4 节规定计算，并根据堤基地质、堤身土质、堤身高度及填筑密度和施工工期等因素，结合施工过程沉降观测分析确定，不宜小于堤高的 6%。

8.4 堤身断面型式与结构布置

8.4.1 堤身断面应根据堤基地质、筑堤材料、波浪、施工、生态、景观等条件，以及海塘所在岸线功能，经稳定和沉降计算及技术经济比较后确定。堤身断面设计应遵循下列原则：

1 斜坡式海塘适用于风浪较大、堤身高、堤基软的情况。堤身高度大于 6 m、波浪作用强烈的堤段，宜采用复合斜坡式断面。在外侧设置消浪平台，平台高程宜位于设计高潮（水）位附近，平台宽度可为设计波高的 1 倍～2 倍，且不宜小于 3 m。

2 陡墙式海塘宜用于堤基较好或陡墙下部堤身变形均匀且可较好控制沉降的堤段。断面外侧宜采用箱式或其他重力式防浪墙，内侧回填土料，外侧基础应采用抛石等防护措施。

3 堤身内侧应设置青坎（护堤地），其宽度不宜小于 20 m；当受条件限制时，3 级以下海塘青坎宽度经论证可适当减小，但不宜小于 10 m。青坎面高程宜为 3.5 m～4.5 m。

8.4.2 采用充泥管袋构筑堤身，堤基宜设置全断面通长充泥管袋；堤身可采用充泥管袋作为内、外棱体，棱体间可充填砂土作堤芯，也可采用充泥管袋单棱体结合散吹砂土构筑下部堤身。海塘堤身全断面采用充泥管袋时，应采取可靠的措施防止空洞和贯穿性通道，并注意加强反滤保土构造。

8.4.3 不包括防浪墙的堤顶宽度应根据堤身整体稳定、渗流稳定、防汛交通、管理、施工的要求按表8.4.3确定。

表8.4.3 堤顶宽度

海塘级别	1	2	3～5
堤顶宽度(m)	≥8	≥6	≥3

8.4.4 因防汛抢险需要在海塘内侧设置交通道时，其高程宜高于内侧最高水位1.0 m～2.0 m，宽度为4 m～8 m。在软基上的海塘内侧交通道应与反压平台结合考虑。

8.4.5 海塘不同填料与土体之间应满足反滤过渡要求。用作反滤的土工织物设计可按本标准附录L计算确定。

8.4.6 为防止堤前冲刷，外侧坡脚应设置镇脚和护脚。镇脚可采用灌砌块石、埋石混凝土或素混凝土；护脚块石或预制混凝土异型块体的稳定重量可按本标准附录J计算。对于滩涂冲刷严重的堤段，应增设专门的保滩措施。

8.4.7 海塘两侧边坡坡比应根据堤身材料、护面型式，经稳定分析确定。边坡内部稳定计算可按本标准附录M确定。初步拟订时可按表8.4.7选取，级别高的海塘取较缓的坡比。1级、2级海塘土坡坡比不宜陡于1∶3。

表8.4.7 海塘两侧边坡坡比

<table>
<tr><th>堤型</th><th>外侧坡比</th><th>内侧坡比</th></tr>
<tr><td>斜坡式</td><td>1∶1.5～1∶3.5</td><td rowspan="3">水上:1∶2.0～1∶3.0
水下吹沙:1∶5～1∶10</td></tr>
<tr><td>陡墙式</td><td>1∶0.1～1∶0.5</td></tr>
<tr><td>混合式</td><td>参照斜坡式和陡墙式</td></tr>
</table>

8.4.8 堤身应设置排水设施，并应符合下列要求：

1 对不透水护坡应设置有可靠反滤措施的排水孔，孔径为 50 mm～100 mm，孔距为 2 m～3 m，可按梅花形布置。

2 高于 6 m 的海塘宜在内坡上设砌石或混凝土砌块拱肋集水槽，内侧堤脚、堤坡与其他建筑物结合部及青坎上宜设置纵横向排水沟。

3 按允许部分越浪设计的海塘，宜设置坡面纵横向排水系统，汇水的排水沟断面尺寸宜根据排水设计流量及边坡坡度计算确定。堤顶内侧路肩宽度不应小于 0.5 m，并宜采用灌砌石等护面型式的硬路肩，同时在内侧马道、坡脚及青坎上设置纵横向排水沟，排水沟规模可按本标准附录 N 计算确定。

8.4.9 以堤身土体为防渗体时，应符合下列要求：

1 海塘堤身的防渗土料应就地取材，当采用多种土料时，宜将抗渗性好的土料填筑于临水一侧。

2 堤身土体应满足堤身浸润线和内坡的渗流出逸比降降低到允许范围以内，并满足施工和构造的要求。防渗土体顶部宽度不应小于 1.0 m，防渗土体顶部应高出设计高潮(水)位 0.5 m 以上。

8.4.10 利用既有堤身拓宽加高加固时，应妥善处理新老结构结合部位的衔接，并应对结合部位的差异沉降及位移采取有效控制措施。

8.5 堤顶结构

8.5.1 堤顶结构包括防浪墙、堤顶道路、错车道、通道口、排水系统等。

8.5.2 防浪墙应符合下列规定：

1 当受筑堤土源及场地的限制时，可修建防浪墙，防浪墙宜设置在外侧。堤顶以上净高不宜超过 1.2 m，埋置深度应大于 0.5 m；堤顶考虑慢行及观景功能的，防浪墙高度尽可能降低。防浪墙宜每隔 8 m～12 m 设置一道沉降缝，缝宽可为 2 cm，可采用低发泡板填缝或设置止水。防浪墙可采用灌砌石、埋石混凝土、钢筋混凝土、混凝土砌块等结构。防浪墙可做成直立、深弧、鹰嘴等型式。防浪墙应进行强度和稳定性计算。

2 防浪墙基底宜设置垫层。

3 箱式防浪墙内宜采用砂或块石作为填料。

8.5.3 堤顶道路结构应根据防汛和管理要求，设置排水路拱，防止积水。路堤结合并有通车要求的堤顶，应满足公路路面、路基设计要求。各种不同类型路面的单坡路拱平均横坡度可按表8.5.3采用。

表8.5.3 各类路面的单坡路拱平均横坡度

路面类型	单坡路拱平均横坡度(%)
沥青混凝土、水泥混凝土	1～2
整齐石块	1.5～2.5
半整齐石块、不整齐石块	2～3
碎石、砾石等粒料	2.5～3.5
炉渣土、砾石土、砂砾土等	3～4

8.5.4 堤顶路面结构应结合堤身土质、气象等条件选择面层与基层。基层可采用石渣、粉煤灰三渣、水泥稳定碎石(土)或低标号混凝土等。路面面层应符合下列要求：

1 不适应沉降变形的堤顶路面，宜在堤身沉降基本稳定后实施，期间可采用过渡性工程措施保护。

2 不允许越浪的海塘，路面面层可采用混凝土、沥青混凝土、碎石、泥结石等。

3 允许部分越浪的海塘，路面面层应采用混凝土、灌砌石等具有抗冲能力的护面结构，不应采用碎石、泥结石等作路面。

8.5.5 错车道应根据防汛和管理需要设置。宜在堤内侧按300 m的间距选择有利位置设置错车道。错车道处的路基宽度应不小于6.5 m，有效长度应不小于20 m。

8.5.6 生产、生活与维修养护有需要时，在保证海塘安全的前提下，可在堤顶防浪墙上开口，设置维修养护和巡查通道。通道口应采取可靠的防潮、防浪措施，保障海塘原有防御能力不降低。

8.5.7 在满足防潮、防浪、抢险通行的前提下，堤顶结构可兼顾景观、生态要求，采取草灌种植、绿道系统建设等措施，满足休憩、亲水、观景等需求。

8.6 护面结构

8.6.1 护面应根据具体情况选用适宜的护面型式。对允许部分越浪的海塘，堤顶及内侧坡面应根据越浪量大小采用相应的防护措施。

8.6.2 对于受波浪、水流影响较大的凸、凹岸堤段，应加强护面结构强度。混合式海塘外侧护面，应符合斜坡式、陡墙式海塘设计的有关规定；坡面转折处宜根据风浪条件，采取加强保护措施。

8.6.3 海塘外侧护面可采用灌砌块石、埋石混凝土、预制混凝土异型块体、混凝土栅栏板、模袋混凝土等结构型式。护面厚度及块体单重应按本标准附录J进行计算，并应符合下列要求：

1 护坡砌石边缘及与建筑物的交接处应采取素混凝土封边措施。

2 砌石护面厚度不宜小于 30 cm。

3 可设置混凝土框格加强砌石护面的整体性和消浪效果，框格间应设置沉降缝，间距宜为 3 m～6 m。

4 护面层下应有反滤垫层，多年平均高潮位以上可采用自然级配碎石，多年平均高潮位以下宜用袋装碎石，厚度 20 cm～40 cm，垫层底部按保土和反滤要求铺设土工织物。

5 护面搭接处结构层和下垫层反滤结构应完整严密、结合良好，杜绝间断或脱空。

6 充泥管袋外坡应采用袋装土、道渣或袋装碎石找平，不宜将凸出的充泥管袋直接削坡，必须削坡时应将管袋缝合，并严格做好外侧的反滤。

7 外侧护面结构在满足防浪抗冲的前提下，在复式结构的平台及上坡面可适当采用生态化措施。

8 对于不透水护坡，应设置有可靠反滤措施的堤身填料排水孔。

8.6.4 灌砌块石、混凝土护坡应设置沉降缝、伸缩缝。沉降缝、伸缩缝宜每隔 8 m～12 m 设置 1 条，且应与防浪墙设置的缝上、下对齐。

8.6.5 海塘内坡护面可采用灌砌块石、灌砌块石组合混凝土预制块拱肋和草皮、预制混凝土板(块)和草皮及土工网垫植草等型式，应根据土质、风浪条件、堤顶越浪情况及暴雨强度等因素选定。

8.6.6 内坡、青坎范围内宜设置坡面纵横向排水系统，并在满足安全的前提下，应优先考虑植草、栽种灌木等生态环境良好的植物护坡。

8.6.7 植草护坡的草种可选用狗牙根、高羊茅和黑麦草等草籽混播，必要时可采用三维土工网等辅助措施，也可采用草皮。

8.7 消浪措施

8.7.1 根据波浪大小、地形和断面型式，在临海侧可采用工程措施、植物措施等消浪。

8.7.2 堤身消浪措施可采用消浪平台、消力齿(墩)墙或阶梯式护坡、预制混凝土异型块体、栅栏板等工程措施。常见预制混凝土异型块体设计宜按本标准附录 J 进行。

8.7.3 堤前可采用潜堤、植物消浪或组合消浪方案。消浪潜堤距离海塘的堤脚宜大于 0.5 倍波长。植物消浪带宽度宜大于 100 m。潜堤消浪计算宜按本标准附录 C 进行，1 级和 2 级海塘应通过试验验证。

8.8 堤脚防护

8.8.1 堤脚防护措施宜结合海塘防浪、堤前保滩和生态修复等统筹考虑。

8.8.2 堤脚防护可采用软体排、抛石、人工块体等结构型式，护底范围宜按理论冲刷深度的5倍～10倍确定，并考虑后续工程的需要，不宜小于5 m。

8.8.3 软体排设计应对排体抗拉、抗浮稳定、排体边缘抗掀动稳定和抗滑稳定等进行计算，计算方法可参照本标准附录K，并应符合下列要求：

1 滩面应基本平顺，坡度不宜陡于1：3，必要时可用充泥管袋和（或）碎石包整坡。

2 排体材料宜采用机织布或复合土工布，排体上的压载应由满足排布在波浪和水流作用下的稳定性确定。护底软体排结构可采用砂肋软体排、混凝土联锁块软体排、碎石包软体排及混合软体排等。

3 软体排铺设时，垂直于堤坝轴线方向排体搭接宽度宜为2 m～5 m；滩面变化较大部位应加大搭接宽度；平行于堤坝轴线方向不允许搭接。铺设时应松弛，不可绷紧，并预先拼接成整幅。

4 护底软体排搭接处外侧排边不宜出现较大的锯齿状骤变，需设置一定宽度的渐变段，渐变段内的排体外侧排边宜逐步减小，排边锯齿错位不宜大于排宽1/3，且不宜大于5 m。

8.8.4 抛石或人工块体护底结构宜为基层和面层双层结构。基层可为1层复合土工织物，也可用砂肋软体排或碎石包作为基垫层。碎石包垫层厚度不宜小于15 cm，水上抛投时宜2层，厚度不宜小于25 cm。面层采用块石或人工块体，重量应满足波浪水流综合作用下的稳定要求，块石厚度不宜小于50 cm。

8.9 龙口与合龙设计

8.9.1 圈围工程的龙口规模、水力要素、合龙顺序及保护措施与范围应由水动力数学模型计算确定，Ⅱ等及以上工程有条件时宜用物理模型进行验证。计算条件按本标准第 4.1.8 条和第 4.1.9 条拟定。

8.9.2 龙口设计控制最大流速应与龙口保护措施、地基条件等相适应。以充泥管袋为主要合龙材料时，设计控制流速不宜大于 3.5 m/s。采用抛石截流时，宜按块石抗冲流速确定。

8.9.3 从龙口构筑至龙口合龙，应加强对龙口的保护。龙口护底土工织物的搭接宽度应不小于 5 m，土工织物上应覆盖抗冲保护层，防止龙口护底冲刷及土工织物老化。

8.9.4 采用充泥管袋合龙时，应采取设置泥库、配备运砂驳船等可靠的就近供砂措施。若设置泥库，宜选址在龙口两端围区内侧，也可结合龙口两端堤坝内外棱体间堤芯布置，泥库的储砂量不宜小于截流堤用砂的 2 倍。

8.9.5 截流堤设计应有足够的水力稳定性，防止出现接触面冲刷，软土地基应有足够的抗滑稳定性，断面设计应与海塘断面结构、施工方法和合龙顺序相适应。

8.9.6 截流堤断面可采用复式断面，下部断面宜采用平堵法施工，结合压载和护底统筹考虑。上部断面应满足合龙期挡潮和施工交通要求，其顶高程应高于合龙设计高潮位 0.5 m 以上，顶宽不宜小于 5 m。

8.9.7 截流材料可采用充泥管袋、抛石、石笼或多种材料组合。堤芯闭气可采用吹填砂土，当采用抛石或石笼堵口截流时，在截流堤内侧需设置袋装碎石、石渣等反滤层，再进行堤芯土方闭气；当采用充泥管袋截流的设计流速超过 3.5 m/s 时，可在龙口外侧或内侧先抛石形成截流副坝，控制截流堤上的流速在 3.5 m/s 以下。抛石截流副坝坝顶高程宜在平均潮位附近，坝顶宽度宜大于1.5 m；当用块石截流而不能满足水力稳定要求时，可选用网兜、框笼、混凝土块体等结构。

8.9.8 截流堤上单个抛投体应满足水力稳定性要求，其稳定临界流速 V_c 应按下式计算：

$$V_c = K_e\sqrt{2g\frac{\gamma_b-\gamma_w}{\gamma_w}}\sqrt{D\cos\alpha} \quad (\text{当}\ \alpha<\varphi\ \text{时}) \tag{8.9.8}$$

式中：K_e——稳定系数，垫层块石直径小于抛投其上块石直径时取0.7～1.0，垫层块石直径大于或等于抛投块石直径时取1.0～1.2，钢筋笼等条形体取1.0；

g——重力加速度（m/s^2），$g=9.81\ m/s^2$；

γ_b——抛投体容重（kN/m^3），对花岗岩块石，取26.0 kN/m^3；

γ_w——海水重度（kN/m^3），取10.3 kN/m^3；

D——块石当量直径（m）；

α——抛投体垫层倾角（°）；

φ——堆石体休止角（°）。

8.9.9 龙口两端宜采用较缓的堤头边坡，并用高强土工织物管袋、软体排、块石或石笼等材料予以保护。龙口应进行护底，护底顺流向长度应满足口门收缩各个阶段的要求，护底构造应满足龙口范围内抗冲要求。

9 堤基处理与稳定计算

9.1 堤基处理

9.1.1 堤基稳定和变形不能满足要求时，应对地基进行加固处理。地基处理应符合下列要求：

1 堤基应进行稳定计算；对可液化地基应进行抗液化分析。

2 地基和堤身的工后沉降应不影响堤坝的安全使用。

3 渗流控制应保证堤身及地基土的渗透稳定。

9.1.2 地基处理应根据滩涂治理与海塘工程级别、堤身高度、地质条件、施工条件、工程使用、沉降控制和渗流控制等要求，选择经济合理的方案。

9.1.3 滩面上宜铺设1层土工织物或软体排，起防冲、加筋、反滤和隔离等多重作用。对流急易冲的地基应进行保护，护底可采用砂肋软体排等措施。

9.1.4 软土地基处理方法宜根据表9.1.4选择，也可多种方法相结合。软土地基的处理及计算可参照现行国家标准《海堤工程设计规范》GB/T 51015执行。

表 9.1.4 软土地基主要处理方法

软土地基处理方法	适用情况
换填砂垫层或碎石垫层法	换填软土厚度宜为2 m～3 m
土工合成材料加筋法	一般软土地基
爆破挤淤法	置换淤泥软基的厚度宜为4 m～20 m
抛石挤淤法	淤泥或流泥厚度宜小于4 m
塑料排水板、砂井等排水固结法	淤泥、淤泥质土、冲填土等软土地基

9.1.5 当采用垫层法时，垫层可选用透水材料加速软土排水固

结，其透水材料可使用砂垫层、碎石垫层或多者结合使用，必要时可采用土工织物作为隔离、加筋材料，但在防渗体部位应避免造成渗透通道。

9.1.6 在软土地基上采用连续施工法修筑堤坝时，若填筑高度达到或超过软土地基承载能力，可在堤脚处设置反压平台。反压平台的高度和宽度应由稳定计算确定。一级压载不满足要求时，可采用两级或多级压载，每级高度宜控制在 1.0 m～3.0 m。

9.1.7 在深厚软土上新建堤坝，采用排水固结法时，竖向排水应与水平排水相连，形成完整的排水系统。

9.1.8 同一堤段上采取不同地基处理方式时，应设置地基处理过渡段。

9.2 渗流计算与控制

9.2.1 海塘应根据实际情况进行渗流计算，求得堤身浸润线位置、出逸点、出逸坡降和渗流量等水力要素，进行海塘的渗透稳定分析。1 级和 2 级海塘宜采用数值法进行计算，其他海塘可根据实际情况采用公式法或者数值法进行计算。

9.2.2 对于比较复杂的地基，可按下列情况简化计算：

1 渗透系数相差 5 倍以内的相邻薄土层可视为 1 层，采用加权平均渗透系数。

2 双层结构地基，当下层渗透系数比上层小 100 倍以上时，可将下层视为不透水层；表层为弱透水层时，可按双层计算。

3 直接与堤身连接的地基土层的渗透系数比堤身大 100 倍以上时，可认为堤身不透水，按堤基有压流计算，堤身浸润线的位置可由地基中的压力水头确定。

9.2.3 渗透稳定应进行下列判断和计算：

1 土的渗透变形类型判断。

2 堤身和堤基土体的渗透稳定。

3　海塘内侧或外侧渗流出逸段的渗透稳定。

9.2.4　渗透变形类型判定方法应按现行国家标准《水利水电工程地质勘察规范》GB 50487 和现行行业标准《堤防工程地质勘察规程》SL 188 的有关规定执行，对 1 级海塘且渗流影响较为敏感时宜通过渗透变形试验确定。

9.2.5　海塘渗流计算可按下列水位组合：

1　向堤内渗流，海塘外侧为设计高潮位，内侧对应内河低水位或最不利地下水位，必要时按不稳定渗流考虑潮位变化影响。

2　向堤内渗流，以大潮平均高潮位计算渗流浸润线，内侧对应内河常水位或最不利地下水位。

3　向堤内渗流，以大潮平均高潮位计算渗流量。

4　向堤外渗流，潮位降落时对临海(江)侧边坡稳定最不利的情况，内侧对应内河高水位或最不利水位。

5　向堤外渗流，海塘外侧为平均低潮位，内侧对应内河高水位或最不利水位，必要时按不稳定渗流考虑潮位变化影响。

9.2.6　海塘内侧堤坡及地基表面逸出段的渗流坡降应小于允许坡降；当出逸坡降大于允许坡降时，应设置反滤层、压重等保护措施，必要时应考虑截渗措施。

9.2.7　无黏性土防止渗透变形的允许坡降应以土的临界坡降除以安全系数确定，安全系数宜取 1.5～2.0。无试验资料时，无黏性土的允许坡降可按表 9.2.7 选用。特别重要的堤段，其允许坡降应根据试验的临界坡降确定。

表 9.2.7　无黏性土允许坡降

渗透变形型式	流土型			过渡型	管涌型	
	$C_{ue}<3$	$3\leq C_{ue}\leq 5$	$C_{ue}>5$		级配连续	级配不连续
允许坡降	0.25～0.35	0.35～0.50	0.50～0.80	0.25～0.40	0.15～0.25	0.10～0.15

注：1. C_{ue} 为土的不均匀系数。

2. 表中的数值适用于渗流出口无反滤层的情况，有反滤层时可适当提高。

3. 穿堤建筑物渗透稳定分析参照现行行业标准《水闸设计规范》SL 265。

9.2.8 黏性土流土型临界水力坡降宜按式(9.2.8)计算,其允许坡降应以土的临界坡降除以安全系数确定,安全系数不宜小于2.0。

$$J_{cr}=(G_s-1)(1-n_e) \tag{9.2.8}$$

式中:J_{cr}——土的临界水力坡降;

G_s——土的颗粒密度与水的密度之比;

n_e——土的孔隙率(%)。

9.2.9 保滩促淤坝两侧有设计水位差时,应进行坝基渗透稳定分析并采取必要的防渗控制措施。

9.2.10 采用土工膜防渗或采用土工织物作反滤结构时,土工膜及土工织物应按现行国家标准《土工合成材料应用技术规范》GB/T 50290 计算和设置。

9.2.11 穿堤构筑物渗流出口处出逸坡降较大或难以检查维修时,宜采用级配良好的排水反滤层。

9.3 抗滑和抗倾稳定计算

9.3.1 堤坝抗滑、抗倾稳定计算应根据不同堤段的防洪(潮)任务、工程等级、地形地质条件,结合堤身的结构型式、高度和填筑材料等因素选择有代表性断面进行。

9.3.2 堤坝抗滑、抗倾稳定计算应包括下列内容:

1 斜坡式堤坝整体抗滑稳定计算。

2 直立式堤坝及防浪墙抗滑、抗倾稳定计算及地基承载力计算。

9.3.3 堤坝整体抗滑稳定计算时,应考虑可能出现的内外潮(水)位和荷载的不利组合。堤坝整体稳定计算可分正常运用和非常运用两种计算条件,非常运用条件包括施工期和地震两种工况。计算工况潮位和荷载组合见表 9.3.3。

表 9.3.3　堤坝抗滑稳定计算工况潮位和荷载组合

计算工况	计算断面	计算内容	水位组合		荷载组合	
			堤坝外侧	堤坝内侧	基本	特殊
正常运用条件	竣工断面	向外滑动	(1) 设计低潮(水)位 (2) 潮(水)位降至压载顶或滩面	设计高水位	自重、外部荷载重、渗透力	—
		向内滑动	设计高潮(水)位	设计低水位		
非常运用条件Ⅰ	截流体断面	向外滑动	(1) 合龙设计低潮(水)位 (2) 潮(水)位降至压载顶或滩面	合龙期最高水位	自重、外部荷载重、渗透力	—
		向内滑动	合龙设计高潮(水)位	合龙期最低水位		
	完建断面	向外滑动	(1) 施工期设计低潮(水)位 (2) 潮(水)位降至压载顶或滩面	完建期最高水位	自重、外部荷载重、渗透力	—
		向内滑动	度汛设计高潮(水)位	完建期最低水位		
非常运用条件Ⅱ	竣工断面	向外滑动	多年平均潮(水)位	常水位	自重、外部荷载重	地震力
		向内滑动	多年平均潮(水)位	常水位		

9.3.4 堤坝整体抗滑稳定性可采用圆弧滑动法，按总应力法计算，对软土堤基宜采用有效固结应力法考虑强度增长，并按本标准附录 P 执行，且应遵循下列原则：

1 当堤基有软弱夹层时，宜参照现行国家标准《堤防工程设计规范》GB 50286 采用改良圆弧法。其整体抗滑稳定安全系数不应小于本标准表 4.3.2 的规定。

2 针对地基条件特别复杂的情况，计算方法应进行专题研究，有条件时可采用有效应力法计算堤坝整体抗滑稳定，并采用相应的安全系数。

3 当堤基采用土工合成材料进行加筋处理时，应根据实际情况分析确定筋带拉力的大小和方向，且须确保土工织物具有足够的锚固长度。

9.3.5 土的强度指标应根据堤基土质条件、工程实际情况和计算方法等，按下述情况选用：

1 施工加荷速率较快的工程，地基不发生排水固结，施工期地基土应取直剪快剪指标 C_{q}、φ_{q}，或者三轴不固结不排水指标 C_{uu}、φ_{uu}，或采用现场十字板剪切强度指标 C_{u}。对强度很低的软土，宜采用现场十字板剪切强度指标 C_{u}。

2 正常运用工况及非常运用工况Ⅱ，宜按地基土已固结考虑。采用总应力法稳定分析时，土的抗剪强度指标取饱和固结快剪指标 C_{cq}、φ_{cq} 或三轴固结不排水指标 C_{cu}、φ_{cu}；采用有效应力法稳定分析时，土的抗剪强度指标取饱和慢剪指标 C_{s}、φ_{s} 或三轴固结排水指标 C_{cd}、φ_{cd}。

3 施工加荷速率较慢的工程，或地基设置竖向排水时，应根据地基固结度，考虑地基强度增长，采用有效固结应力法计算强度增长值。

9.3.6 防浪墙的抗滑和抗倾稳定安全系数计算应符合本标准附录 P 的规定，墙体的抗滑、抗倾稳定安全系数不应小于本标准表 4.3.3 和表 4.3.4 的规定。防浪墙的基底承载力应满足最大应力不大于地基允许承载力的要求。基底压力的不均匀系数：黏土宜取1.2～2.5，砂土宜取2.0～3.0。

9.3.7 海塘边坡和堤基抗滑稳定计算，尚应符合下列要求：

1 凡设计低潮(水)位低于滩面高程时，应采用滩面高程作为计算低潮(水)位。

2 地震力的计算方法应按现行国家标准《水工建筑物抗震设计标准》GB 51247 执行。

3 计算内、外坡抗滑稳定时，可视抛石、砌石体为透水体。潮(水)位升降时，宜按照现行国家标准《堤防工程设计规范》GB 50286 计算浸润线。

4 堤顶若有堆载、交通荷载时，应将其换算成堤顶均布荷载。

9.3.8 促淤坝抗滑稳定计算应考虑促淤期两侧不利的冲、淤组合工况。

9.4 沉降计算

9.4.1 堤坝应进行沉降计算。新建堤坝应计算整个堤身荷载引起的沉降，旧堤坝加固的沉降计算应结合旧堤基固结程度与新增荷载一并考虑。

9.4.2 沉降计算应包括堤坝顶中心线处堤身和堤基的最终沉降量和工后沉降量，并对计算结果按地区经验加以修正。对地质、荷载变化较大或不同地基处理形式的交界面等沉降敏感区，尚应计算交界面的沉降量及沉降差。

9.4.3 根据堤基的地质条件、土层的压缩性、堤坝的断面尺寸、地基处理方法及荷载情况等，可将堤坝分为若干段，每段选取代表性断面进行沉降计算。

9.4.4 为了简化计算，可取用平均低潮(水)位时的工况作为荷载计算条件。

9.4.5 堤身和堤基的最终沉降量可按式(9.4.5-1)计算,对新近淤积土层较厚的欠固结土可按式(9.4.5-2)计算:

$$S=\psi\sum_{i=1}^{n}\frac{e_{1i}-e_{2i}}{1+e_{1i}}h_i \tag{9.4.5-1}$$

$$S=\psi\sum_{i=1}^{n}\frac{h_i}{1+e_{1i}}C_{ci}\lg\left(\frac{p_{1i}+\Delta p_i}{p_{ci}}\right) \tag{9.4.5-2}$$

式中:S——最终沉降量(mm);

n——压缩层范围的土层数;

h_i——第 i 土层的厚度(mm);

C_{ci}——第 i 土层的压缩指数;

p_{1i}——第 i 土层的平均自重应力(中点处的自重应力);

p_{ci}——第 i 土层的前期固结应力,正常固结土 $p_{ci}=p_{1i}$;

Δp_i——第 i 土层平均附加应力(中点处的附加应力);

e_{1i}——第 i 土层在前期固结应力作用下的孔隙比,正常固结土则为平均自重应力下的孔隙比;

e_{2i}——第 i 土层在平均自重和平均附加应力共同作用下的孔隙比;

ψ——修正系数,一般可取 1.3~1.8,堤身高于 8 m、地基土软弱,或堤身高于 6 m、地基土较软弱且近 3 年内淤积厚度 2 m 以上时取较大值,有条件时参照临近工程经验取值。

9.4.6 堤基压缩层的计算厚度,宜自堤底算起至计算层面土的附加应力等于自重应力的 10%处。

9.4.7 工后沉降量应分别针对设计基准期末和竣工时的堤身和地基固结度计算,并结合临近海塘工程经验综合分析确定。

10 围区填筑设计

10.1 一般规定

10.1.1 围区填筑工程设计应充分掌握水文、气象、取土区及填筑区的地形、土质条件及相关的水质、污染等控制性要求，根据填筑规模、用地性质，采用技术可行、经济性好、施工便捷的填筑方式和地基处置方法，满足成陆功能、工程质量和工期要求。

10.1.2 填筑设计包括填筑材料选择、取土区设计、填筑区设计、吹填排水设计、防尘固沙措施等。

10.1.3 填筑方式可采用水力吹填、机械填筑等方式。水力吹填方式宜参照现行行业标准《疏浚与吹填工程技术规范》SL 17 有关规定执行。

10.1.4 围区填筑工程宜与航道疏浚、河道整治等工程结合。

10.2 围区填筑材料

10.2.1 围区填筑材料宜根据成陆功能和当地条件确定，并满足填筑量和质量要求，可利用疏浚土或建设工程弃土，禁止采用有毒有害的污染土。

10.2.2 工业性用地填筑宜以粉土和砂土为主，农耕、养殖、高新农业基地地下水位以上宜以淤泥土、黏性土和粉土为主。

10.2.3 采用水力吹填方式，应根据成陆功能、工期和质量要求对吹填料输送适宜性、用作填料的适宜性进行分析。

10.3 取土区设计

10.3.1 取土区的选择应遵循下列原则：

1 应符合采砂规划和所在区域国土空间规划、生态环保要求等。

2 应避开水下建筑物、水下障碍物、爆炸物、水产养殖区、环境敏感区和禁止采砂区。

3 不应影响附近建筑物、航道、河势、堤防及海岸的稳定。

4 宜优先选择水深条件适宜、风浪较小、水流较平缓、管线布置较方便的区域。

5 土料的质量、可开采量以及土料的可供应强度应满足工程建设要求；当采用疏浚土进行吹填时，应利用符合要求的疏浚土。

6 应尽可能靠近填筑区。

7 宜满足船机、设备的作业要求。

10.3.2 取土区的选择应在河势分析的基础上结合同类工程经验论证确定。对于大中型取土工程、复杂河势地带、敏感地区，应进行潮流、泥沙数学模型或在必要时进行物理模型研究。

10.3.3 取土区布置设计内容宜包括取土区的控制性范围、取土高程(深度)及疏浚边坡、施工水域及临时航道、施工及助航标志等，并应符合下列要求：

1 根据对周边水道、涉水建筑物和地下设施的影响分析，取土对河势、滩槽演变、附近航道、驳岸、码头、堤坝、桥梁、地下隧道、水下管线等工程的影响，设定取土区的控制边界和深度。堤坝前就近取土时，取土坑边缘距堤坝坡脚或坝头不宜小于 500 m，且取土坑应有一定的间隔，不宜贯通。

2 取土区应在批准的取土范围内，根据吹填总量、储量分布、土质分布、船舶可作业条件进行取土边界、高程及边坡的设计布置，必要时分区布置。

3 吹填土要求为砂土类时，单块取土区储量应大于 2.0 倍吹填工程量，多块小规模砂源区总储量应大于 2.5 倍吹填工程量，地质复杂的特大砂源区储量系数宜另行论证；吹填土为泥质时，吹填储量系数则应考虑搅松后体积变化、流失率，综合地基处理的要求确定。

4 施工水域及临时航道、施工及助航标志设计根据需要参照相关规范设计布置。

10.3.4 取土区储量计算，可根据实际情况采用下列方法：

1 若取土区呈块状分布，可采用三角形法计算。将最近的钻孔连成三角网，取三角形角点土层厚度平均值与三角形面积的乘积作为此三角形范围内的土层储量，所有微分三角形范围内的土层储量总和为总储量。

2 若取土区呈条带状分布，勘探点沿带状中心呈直线布置，可采用断面面积法。

3 若取土区地质均匀单一、土层厚度变化很小，可采用平均厚度法，取测区内土层厚度平均值与测区面积的乘积。

4 一般情况可根据土层顶板及底板标高，用二次样条函数模拟出土层顶部及底部，用曲面模型法计算上、下曲面之间的体积。

10.3.5 砂类取土储量计算应符合下列规定：

1 宜剔除不符合吹填土质要求的上部覆盖层和中间夹层厚度。

2 应剔除尽管符合土质要求但实际难以取用的土层厚度。

10.4 围区填筑设计

10.4.1 围区成陆高程应根据成陆区域产业规划和周边水文地质特征，经过分析综合确定，满足围区土地利用规划需要的地面高程、用地功能和限制性要求，并与周边地区交通、排水、建筑等设施合理沟通。

10.4.2 围区填筑高程设计应考虑陆域设计使用高程、周边地块平均高程、填筑材料及地基固结压缩沉降量等因素。工业性用地填筑高程应考虑地基处理、结构层或覆面层厚度等因素；农业用地填筑高程宜与周边已有农业用地平均高程或与平均高潮位相当；用途不明确的围区填筑高程宜按经济及技术可行性综合确定。软弱地基应考虑填筑厚度对堤坝稳定性的影响，必要时设计分阶段填筑。

10.4.3 填筑区平整度及高程宜按表10.4.3要求控制。

表10.4.3 填筑区平整度及高程控制要求

项目			允许偏差(m)
填筑区平均高程			+0.20
平整度	未经机械整平	淤泥和淤泥质土	±0.60
		粉细砂和砂质土	±0.70
		中粗砂	±0.90
		中硬质黏土	±1.00
	经机械整平		±0.30

10.4.4 采用水力吹填方式时，吹填量应按下式计算：

$$V=\frac{V_1+\Delta V_1+\Delta V_2}{(1-P)} \tag{10.4.4}$$

式中：V——吹填土方量(m^3)；

V_1——吹填容积量，即吹填区设计高程与原始滩面之间的容积(m^3)；

ΔV_1——因吹填土固结及其自重荷载造成吹填区原地基下沉的工程量(m^3)；

ΔV_2——超填工程量(m^3)，根据吹填工程的高程平均允许偏差值计算；

P——吹填土进入吹填区后的流失率（%），具体根据吹填土性质、泄水口的位置、高度及其距排泥管口的距离、吹填面积、排泥管的布设、吹填高度及水力条件、具体施工条件和经验确定。

10.4.5 水力吹填管线应根据吹填设备至吹填区的地形、潮汐、风浪、排距等条件，以及吹填区面积、平整度要求等因素，综合考虑、合理布置，并宜遵循下列原则：

1 吹填管线可分为水上浮管、水下沉管、陆上管线和吹填区内管线。吹填管线可采用直径 800 mm 或 1 000 mm 的钢管。

2 当水上管线碍航或水上吹距较长时，宜敷设水下沉管。

3 在交通方便的堤坝上宜采用陆上管线。

4 面积较大的吹填区内宜设置吹填子埝敷设陆上管线，吹填子埝的间距可根据吹填土的特性、吹填平整度要求、吹填土的流程和坡度等因素，参照现行行业标准《疏浚与吹填工程设计规范》JTS 181—5 确定。

10.4.6 采用机械填筑方式时，填筑量应根据设计使用高程、原地面高程，综合考虑填筑体自身固结、地基沉降等确定。

10.4.7 机械填筑应综合考虑堆土整平距离、既有道路等因素，合理布置道路交通系统。

10.5 吹填排水设计

10.5.1 封闭围区排水量应考虑设计雨水和吹填尾水的排放，当海塘按允许越浪设计时，应考虑越浪水体的排放。

10.5.2 吹填围区排水流量宜按下列规定确定：

1 吹填围区排水流量宜取吹填尾水流量和设计雨水流量二者之大值，吹填工期紧且在汛期吹填时，经论证可取二者叠加。当海塘按允许越浪设计时，排水流量中应包含越浪水体量。

2 吹填围区尾水流量宜按照泥泵最大流量低浓度输送的水量计算，雨水流量应根据围区排涝标准确定。

3 施工期通过排水口排出的吹填尾水流量可按下式确定：

$$Q_x = K \cdot Q \cdot (1-\rho) \quad (10.5.2)$$

式中：Q_x——通过排水口排出的流量(m^3/s)；

K——修正系数，可按经验取用，无资料时一般可取1.0～1.3；

Q——疏浚船舶排入吹填区的泥浆总流量(m^3/s)；

ρ——吹填泥浆浓度(%)，可根据吹填土质、吹填工艺按现行行业标准《疏浚与吹填工程设计规范》JTS 181—5取值。

10.5.3 临时排水口设计应符合下列要求：

1 排水口数量应根据吹填围区的排水流量、排水管径和临水侧特征潮位，参照现行国家标准《灌溉与排水工程设计标准》GB 50288有关公式计算确定；当排水量为吹填尾水流量时，排水管的断面积可根据排泥管断面积的3倍～6倍取值。

2 排水口结构应根据工程规模、现场条件、排水要求、水质控制、减少流失量等因素进行选择。进口可设置沉砂池或其他措施，出口宜设置块石等防冲刷措施。

3 排水口进口可采用叠梁式溢流堰、薄壁堰、螺杆式泄水闸，穿堤结构可采用钢管、浮运涵闸等便于快速施工的结构。

4 穿堤结构应具有较强的沉降适应能力；接缝处应有可靠的止水和防渗水淘刷措施，必要时应预设空洞回灌设施。

5 采用管道式穿堤临时排水结构，应考虑堤基沉降和堤身压重对管道的影响，复核管道变形。管道接头宜采用软接头连接并采用向上预拱铺设，管道分节长度、数量应经计算分析确定。

6 在受潮汐影响地区，应考虑潮汐水位的变化对排水口泄水能力的影响。

7 排水口设计时应考虑排水口底高程可根据工程进度和吹填区外部的水位变化调节。必要时,可在不同区段和不同高程设置多个排水口。

10.5.4 临时排水设计应明确使用年限和使用期结束之后的封堵措施。

10.6 防尘固沙措施

10.6.1 当采用细颗粒沙土填筑成陆时,成陆后若不立即实施场地绿化或硬化,宜采取专门的防尘固沙措施,以防扬尘、吹蚀流失等现象。

10.6.2 防尘固沙措施应根据当地降水、风况、气温及建筑材料等条件合理选择,主要有工程和生物等措施。

10.6.3 工程防尘固沙措施主要包括铺盖沙障(黏土、土工织物等平铺沙障)、草沙障、枝条沙障、防风沙栅栏等。

10.6.4 采用生物防尘固沙措施时,宜采用耐盐碱的植物,并辅以其他措施保证植物成活。

11 海塘与建(构)筑物的连接和交叉

11.1 一般规定

11.1.1 修建与海塘交叉和连接的桥涵、港口、码头、管线等建(构)筑物宜采用跨越的形式,并应满足防潮(洪)标准。

11.1.2 修建与海塘交叉、连接的各类建(构)筑物,应根据自身的结构特点、运用要求以及海塘工程的级别和结构型式,选择安全合理的位置和交叉、连接结构型式。

11.1.3 修建与海塘交叉、连接的各类建(构)筑物,应进行相关影响论证和专项设计,不得影响海塘的防汛安全和管理运行,不得削弱海塘堤身断面、堤基安全,不得降低堤顶高程。

11.1.4 修建与海塘交叉、连接的各类建(构)筑物应考虑冲淤对海塘工程的影响。

11.1.5 管线、隧道穿越海塘段应严格控制沉降,穿越前必须结合实际情况进行具体分析,提出合理有效的施工措施。在滩面以下的土层覆盖厚度不宜小于隧道或管道外轮廓直径,且应在 3 m 以上。采用盾构、顶管等方式施工宜在海塘沉降稳定之后实施,并应专题论证。

11.1.6 压力管道、热力管道、输送易燃易爆流体的各类管道,宜跨堤布设,并应采取相应的安全防护措施。如确需下穿海塘或穿越堤身,应进行专题论证。

11.1.7 新建海塘宜合理避让或采取措施保护已建管线、光(电)缆、桥隧等建(构)筑物,不影响原建(构)筑物的运行与安全。

11.2 海塘与穿堤建(构)筑物的连接

11.2.1 港口、码头等与海塘平面交叉建(构)筑物的设置应以满足海塘防潮(洪)体系的总体要求及安全标准为原则。

11.2.2 船坞需破堤修建时,应保证海塘防汛通道畅通、防汛安全不受影响。

11.2.3 圈围工程围区应根据引排水要求规划一定规模的闸(涵);水闸一般不宜通航,确有通航要求时应设置助航和水闸防撞设施,并制定通航管理措施。

11.2.4 穿堤水闸、泵站的建(构)筑物设计应符合下列要求:

1 位置应选择在水流平顺、岸坡稳定、不影响行洪安全的堤段。

2 采用整体性强、刚度大的轻型结构。

3 荷载、结构布置对称,基底压力偏心距小。

4 结构对不均匀沉降的适应性好。

5 结构运行对堤身无不利振动影响。

6 进出口引水、排水和消能结构合理可靠。

7 水闸、泵站边墙与两侧堤身的连接应采取有效措施控制不均匀沉降,相邻部分的沉降差不宜超过 5 cm。

11.2.5 应慎用涵管(闸)穿越新建大堤。必要时,除执行本标准第 11.2.4 条外,尽量减少涵管分缝,并有措施严格控制相邻管节的不均匀沉降,确保止水有效。

11.2.6 滨海(江)景观建(构)筑物、码头、客运站等生产生活设施,其建(构)筑物布局、结构设计不得削弱海塘消浪能力,影响防汛安全,出入口处应设置防汛闸门,防汛闸门的门底高程不宜低于设计高潮位,防汛闸门的门顶高程应不低于其两侧海塘防浪墙的墙顶高程,同时应兼顾人行安全要求。

11.2.7 穿堤建(构)筑物与海塘交叉部位应满足海塘稳定的要

求，基础沉降量应与同部位海塘基础的沉降量相协调，沉降差异较大时应有与海塘衔接的过渡措施和有效的止水措施。

11.2.8 穿堤建（构）筑物与海塘的连接部位应能满足渗透稳定要求，防止接触冲刷和绕渗破坏，在建（构）筑物外轮廓周边应设置截流环或刺墙等，渗流出口应设置反滤排水。

11.2.9 当管线必须穿越堤基时，应符合下列要求：

1 宜采用顶管法等非开挖技术手段施工。

2 沿管壁不得超挖，其接触面应进行充填灌浆处理。

3 必要时采取堤基预加固措施。

4 工作井宜布置在海塘管理范围以外；建设项目完工后，应对工作井进行回填或封堵，做好防渗处理。

11.3 海塘与跨堤建（构）筑物的交叉

11.3.1 跨堤建（构）筑物与堤顶之间的净空高度应满足海塘交通、防汛抢险、管理维修等方面的要求，不宜小于 4.5 m。

11.3.2 跨堤建（构）筑物的支墩布置应符合下列要求：

1 不宜布置在堤身设计断面以内，当必须布置在堤身背水侧时，应满足堤身设计抗滑、渗流稳定及沉降控制的要求。

2 布置在堤身临水侧时，应有足够的结构措施，确保支墩与护坡连接处护坡结构的抗浪稳定性和反滤结构的完整性。

11.3.3 布置于外侧岸滩的跨堤建（构）筑物支墩应采取防冲刷措施，保证堤脚和岸滩的稳定。

12 施工组织设计

12.1 一般规定

12.1.1 滩涂治理与海塘工程施工组织设计的主要内容包括施工条件、施工总布置、主要建筑材料、施工度汛、主体结构施工、纳潮口及龙口构筑与合龙施工、吹填施工、临时工程施工、施工监测。施工组织设计应明确施工进度计划和施工准备工程项目内容、设备配备、质量控制和施工安全保障措施等。

12.1.2 施工总布置应遵循因地制宜、方便施工、安全可靠、经济合理、易于管理、满足生态环境保护和水土保持要求等原则。

12.1.3 施工组织设计方案应能经济合理地实现工程的总体设计方案，均衡施工强度，缩短工期，保证工程质量和施工安全。

12.1.4 应做好建筑材料来源调查和料场设计，并满足相关规划和环境保护及水土保持要求。

12.1.5 施工组织设计应结合施工总布置及施工总进度要求，合理选择对外交通运输方案和场内交通规划。

12.1.6 施工进度计划编制应根据工程的实际情况，合理安排施工工期，尤其要把握好施工顺序、加载速率、度汛措施和合龙准备等关键点。采用充泥管袋构筑堤的工程宜在 10 月份前正式开工，次年春节前实现大堤龙口合龙，6 月底前堤坝要达到安全度汛设计标准。

12.1.7 应根据滩涂治理与海塘工程水文地质特点、施工工艺、施工进度和强度合理选择施工设备。

12.1.8 跨汛期施工应制定科学合理的度汛方案。

12.1.9 应有完整可行的施工期和保修期监测方案。

12.1.10 工程区滩势变化较复杂时，项目实施过程中宜进行水流和地形动态监测，并开展水流数值模拟，动态跟踪指导施工。

12.1.11 临时工程的规模和标准应按照文明施工等行政法规要求执行。

12.1.12 施工组织设计应明确提示施工人员人身安全和健康可能存在的风险，并提出相应的风险控制要求。

12.2 建筑材料组织

12.2.1 应分析确定工程用土(砂)量及特性要求，根据土(砂)源情况和开采条件，合理制订供应计划，配置土(砂)料使用区位，优料优用。

12.2.2 应调查分析石料来源和品质，根据施工总体安排制订石料供应计划。

12.2.3 施工材料堆场应按少占地、方便施工、环保、节省投资等原则进行布置，并应按不同施工阶段、堤段、填筑部位、运输距离等安排料场的使用顺序。

12.3 施工度汛

12.3.1 滩涂治理与海塘工程施工期应注意防范夏季风暴潮和冬季寒潮，做好堤身和围堰护面的防护；临时防护措施应考虑与永久工程相结合。

12.3.2 滩涂治理与海塘工程度汛防潮标准应根据度汛建筑物类别和建筑物级别，按表 12.3.2 采用。

表 12.3.2　滩涂治理与海塘工程施工度汛标准

建筑物级别	度汛建筑物类别	设防标准[重现期(年)]
1 级、2 级	海塘	20～10
	建筑物围堰	20～5
3 级、4 级、5 级	海塘、促淤坝	10～5
	建筑物围堰	10～3

12.3.3　难以在 6 月底达到主汛期度汛断面的，应进行遭遇风暴潮受损的风险分析，并应采取必要的减灾对策。抛石工程、桩基工程可不受上述时间限制，但也应考虑风暴潮防御。

12.3.4　在已有海塘上破口施工，应采取适当措施保证不降低原海塘保护对象的防潮标准。

12.3.5　受寒潮影响大的滩涂治理与海塘工程，应考虑充泥管袋、护面结构抗寒潮风浪稳定和石料运送等问题。

12.4　主体结构施工

12.4.1　护底施工应符合下列规定：

1　保滩促淤坝、海塘施工应先清基，腐殖土、泥炭等不合格土及水生植物、成堆块石等必须清除，清理边界宜超过设计基面边线 0.3 m～0.5 m；堤基范围内的坑、槽、沟等，应按堤身填筑要求进行回填处理。

2　采用软体排护底时，软体排铺设宜超前堤身 300 m 以上的距离，重大工程或河势复杂的应专题论证确定；铺设顺序应从优势流的下游往上游方向；软体排铺设后应及时压载，水下铺设的软体排应每块探测定位，确保前后搭接到位。

12.4.2　土石方填筑应符合下列规定：

1　土方应分层分期填筑，均衡上升；分层厚度取决于材料、施工方法和地基稳定情况，可采用 0.5 m。

2 当采用泥浆泵吹填筑堤时，应分段分仓施工，每段可分2仓～3仓。在仓内作业时应分层吹填，每层厚度取0.3 m～1.0 m，待下层吹填土基本固结后方可进行上一层土的吹填，必要时可采取措施加速下层土的排水固结。

3 抛石填筑可采用水上船舶平抛或与陆上自卸车立抛相结合的方法分段实施。水下抛石宜定点抛投。

12.4.3 充泥管袋施工应符合下列规定：

1 在大规模施工前应进行试充，当取得一定经验（泥浆浓度、布袋尺寸、屏浆压力、屏浆时间、固结速度和沉积率等主要参数）后再全面施工。

2 在滩地水深较浅、条件具备的堤段，可采用人工乘低潮充灌；在深水堤段，可采用专业船舶进行水上充灌。

3 对于受风浪作用较大、外露时间较长的充泥管袋，宜采用防老化袋布、外覆一层无纺土工织物、外涂沥青等防护措施。

4 充泥管袋袋体应分次分孔充填，以提高袋体的充盈度，并提高充填土的固结速度。屏浆期间应加强对屏浆压力的控制，防止布袋破裂。

5 充泥管袋的尺寸应根据棱体断面放样确定，做好管口联结和固定，同一层充泥管袋紧密接触，上、下层应错缝搭接。

12.4.4 软土地基上填筑，应根据地基和堤身的沉降、水平位移及孔隙水压力等参数来控制施工加荷速率，施工加荷控制标准可按表12.4.4选取，失稳后影响或损失较大时取小值。有条件时，宜根据现场实测资料论证确定。

表12.4.4 施工加荷控制标准

项目 \ 类别	地基有排水通道	地基无排水通道
孔隙水压力系数	＜0.6	＜0.6
地表垂直沉降(mm/d)	＜30	＜10
地表水平位移(mm/d)	＜10	＜5

12.4.5 护面结构施工应符合下列规定：

1 护坡应在堤身变形基本稳定后施工。表面防护要求紧迫时，应研究采用临时防护措施，可将块石、混凝土预制块等先行安放到位，再根据沉降变形情况适时整理、浇筑成永久护面。护坡施工时应沿堤轴线分段并沿高程自下而上进行。

2 对直接受潮水波浪影响的施工部位，每次受淹后皆应进行检查整理，影响严重的部位应先用砂、碎石袋予以保护。

3 护面反滤层应按级配、结构要求制定严格的铺设方案。土工合成材料反滤垫层施工应做好土工合成材料的防护及连接。反滤层铺设时宜与垫层上的砌（浇）筑工程相配合，并做好已铺反滤层的保护，尤其要做好潮水波浪直接影响部位的保护。

4 灌砌石结构层，应严格块石大面朝下，块石间隙满足混凝土振捣要求。

5 预制混凝土块护坡的制作与安放应按现行行业标准《防波堤与护岸施工规范》JTS 208 有关规定执行；模袋混凝土护坡应按现行国家标准《土工合成材料应用技术规范》GB/T 50290 及现行行业标准《堤防工程施工规范》SL 260 有关规定执行。

12.4.6 穿堤建筑物水下部分宜修筑围堰，并采用干地法施工。围堰宜采用易于施工和易于拆除的结构形式。

12.4.7 堤顶路面施工应按现行行业标准《公路沥青路面施工技术规范》JTG F40、《公路水泥混凝土路面施工技术细则》JTG F30、《公路路面基层施工技术细则》JTG F20 和《公路工程质量检验评定标准　第一分册　土建工程》JTG F80/1 有关要求进行施工。

12.4.8 混凝土防浪墙基础施工时，基底土质及密实度应符合设计要求。

12.5 纳潮口和龙口的构筑与合龙施工

12.5.1 纳潮口和龙口构筑应符合下列规定：

1 纳潮口和龙口构筑施工前应做好清基工作。

2 堤坝大规模抬升前应基本完成纳潮口和龙口的构筑，防止口门冲刷。

3 应保持基层基本水平，使进出潮流平顺。

4 纳潮口或龙口护底施工应遵循“先低后高”“先近后远”和“先全面保护再逐步加厚”的原则。

12.5.2 合龙施工应选择在潮位低、潮差小、风浪小的时段进行，合龙前应具备下列条件：

1 非龙口段内外棱体及堤芯土达到设计高程以上，并满足防渗稳定要求。

2 围区分隔的隔堤已形成并满足防渗和交通要求。

3 龙口护底已形成并保持完好。

4 龙口两侧泥库备足所需吹填砂量。

5 临时排水口已建成，具备正常排水、挡潮能力。

6 气象及水文预报资料收集、合龙材料、设备、人力等准备就绪。

12.5.3 纳潮口及龙口进占收缩停留时，应对口门两端堤坝头予以适当保护。

12.5.4 软土地基合龙宜采用平堵为主、平立堵相结合的合龙方式；对于多个龙口的工程，应先堵地基条件差的龙口，留下 1 个～3 个地基条件较好的龙口同时堵截；当多龙口截流时，应严格保持同步。若围区有几个龙口而又不能同步合龙时，宜设隔堤分隔，隔堤应满足防渗稳定等要求。

12.5.5 合龙施工有龙口截流、堤芯闭气、龙口断面加固等施工阶段，各阶段应力争连贯完成。采用充泥管袋截流时，应在一个涨落潮周期内实现断流，不宜在截流坝坝顶高程达到平均高潮位附近时再出现坝顶二次过流现象。

12.6 吹填施工

12.6.1 吹填施工应符合下列规定：

1 吹填施工宜参照现行行业标准《疏浚与吹填工程施工规范》JTS 207 或《疏浚与吹填工程技术规范》SL 17 的技术要求。

2 吹填施工应遵守有关环境保护的规定，减少施工作业对周边环境的不利影响。

3 吹填施工应考虑吹填方式选择和设备选型、吹填管线布置等内容。

4 吹填区内宜设置沉降观测设施。

5 滨海吹填应注意防台防灾预案。

12.6.2 吹填方式应综合考虑吹填要求、取土区与吹填区的距离、吹填土质与施工区地形、水流、波浪、通航等工况条件，以及船机、设备作业方式的特点和要求，通过经济技术论证、方案比较后确定。

12.6.3 采用的吹填方式应满足吹填工程量、质量和工期要求以及其他施工与环境等要求，并协调施工工艺各环节的效率匹配，合理配备船机、设备数量。

12.6.4 吹填管线的布置应遵循下列原则：

1 平面布置应根据船舶的总扬程、吹填区至取土区的地形、地貌、排距、吹填高程、水位和潮汐变化、排水口等条件综合考虑。

2 吹填管线布置时应考虑与相邻工程的相互协调，以及吹泥船和泵站的相互影响，尽量避免干扰。

3 可采用水上浮管和水下沉管，水下沉管应选在河(海)床平整、冲淤不大的缓流区。

4 水陆管线相接处，应设连接平台并采用柔性连接。平台位置和标高应能适应水位的变化。

5 陆上管线应选择交通方便的道路、堤坝坡脚线岸滩一侧布置，走向宜平直，避免与公路、铁路、水渠和其他建筑物交叉，并避开环境敏感区。

6 长期吹填，宜在围堤设置若干穿堤涵洞和管线，并使之可维护和易维护。

12.6.5 吹填区内管线的布置应符合下列要求：

1 排泥管进入吹填区的入口应远离排水口，以延长泥浆流程。

2 吹填区内管线的布置应满足设计标高、吹填范围、吹填厚度的要求，并应考虑吹填区的地形地貌、几何形状对管线布置的影响。

3 吹填区内管线的布置应考虑吹填土粒径大小、吹填流量、吹填高度及平整度等因素，除布设干管外，还应视需要布设支管。

4 管口距堤坝的距离应根据堤坝结构及吹填流量确定，一般距堤坝边缘不小于 20 m。

5 排泥管线的间距应根据吹填设备性能、吹填土的特性、吹填质量、吹填土的流程和坡度等因素确定。管口布置可参考交通运输部疏浚施工相关标准。

12.6.6 当吹填土采用管道水力输送时，应对其输送能力进行计算，计算方法参照交通运输部疏浚设计相关标准。

12.6.7 吹填输泥管线过长或排高过大、挖泥船单船输送能力不能满足经济输送要求时，应在管道输送系统中增设接力泵。接力泵的设计内容应包括选型、选址和泵站级数等。

12.6.8 当在软基上进行吹填时，应根据设计对吹填加载的要求和现场观测的沉降值、孔隙水压力、围堤水平位移等数据控制吹填加载的速度，以保证地基或岸坡的稳定。

12.7 生物保滩促淤工程施工

12.7.1 滩涂生物种植时间应安排在种植植物适宜成活的季节。

12.7.2 移栽种植时应对苗木进行筛选，严禁使用折断或死亡的苗木。

12.7.3 草籽播种应采取防风浪、潮涌等措施，以提高成活率。

12.7.4 滩涂生物种植施工组织设计应提出施工作业人员安全防护要求。

12.7.5 人工礁体营建时宜对不同固着基材料进行试验，选择当地种生物偏好固着基材。礁体投放后应避免出现滑移、倾覆和埋没等现象。

12.8 施工准备和临时工程施工

12.8.1 为满足季节性气候变化对滩涂治理与海塘工程施工的限制要求，根据工程规模和项目实施条件，宜在主体工程开工前安排一定规模的施工准备工程。准备工程内容宜包括施工人员生活区、施工用水用电进场、水中安全墩、进场道路、泥库、备砂、备料及可先行实施的护底等。

12.8.2 临时围堰施工应符合下列规定：

1 围堰应在满足安全运用的基础上，力求结构简单、施工方便，并易于拆除。

2 视堰身高度和风浪情况，围堰结构可选用袋装土、充泥管袋加抛石（砌石）护面、两排钢板桩对拉填土等型式。

12.8.3 临时排水设施施工应符合下列规定：

1 在对排水口范围清理后随即进行出口端的防冲处理，按设计要求开挖构筑防冲槽。

2 铺设管线前，做好地基处理，有效控制不均匀沉降，同时做好反滤和防渗。

3 管道应按设计要求做好防腐、节头连接与保护。

4 临时排水设施必须在龙口合龙前具备通水条件。

12.8.4 隔堤施工应在龙口合龙前完成并尽可能提前，隔堤的施工方法同一般堤坝工程。

12.9 施工监测

12.9.1 应根据堤坝工程的级别、水文气象、地质条件、工程特点、施工期具体条件以及项目行政审批提出的监测要求，设置必要的监测项目和监测设施，监测成果应及时提供给参建单位。施工期监测设施的设置应考虑与永久监测相结合。

12.9.2 施工期监测内容宜包括堤坝监测、龙口监测、岸滩动态监测、取土区监测和吹填观测。当堤坝穿越现有构筑物时，还应加强对有影响构筑物的监测。

12.9.3 施工期堤坝监测项目宜包括堤身沉降、水平位移、堤身渗流、表面监测等。堤坝沉降、位移观测基点、水文观测、水准点埋设及渗流测压管安装，均应按设计要求与堤坝施工进度密切配合。

12.9.4 堤坝沉降、位移监测频率宜在加载过程中及加载结束后第1个月内每周1次～7次，加载结束后第2个～3个月内每半个月1次，第4个～6个月内每个月1次，其后每半年1次。加载快、变形大的堤段应提高监测频次。

12.9.5 龙口观测宜包括合龙前和合龙后的监测。合龙前宜监测龙口堤头部位沉降、水平位移、龙口水流流速和龙口护底冲深等；合龙后宜监测龙口部位围堤沉降、水平位移、堤身渗流等。

12.9.6 动态监测宜包括施工期及保修期堤坝内外地形测量和施工期不同围区水位差、纳潮口流速观测等。

12.9.7 堤坝内外地形测量应根据地形冲淤分析进行布置。滩面高、水流缓的，可不安排专门监测；水深流急、滩面可能发生较大变化并可能危及堤坝安全的，应有专门监测。施工期监测频率宜3个月1次，保修期内宜半年1次，遭遇10级以上风暴潮时宜加测；控制断面测量和条带测量宜相结合，断面和条带宽度不宜小于 200 m，比例尺宜为 1∶2 000。促淤工程建成后应对促淤区进行至少每年 1 次地形测量，必要时可安排促淤区水文泥沙观测。

12.9.8 取土区监测宜包括取土区施工期的水流特性、地形和含沙率；对河势较敏感的取土区，宜在取土结束后 1 个～3 个年度内安排 2 次以上的复测。

12.9.9 吹填观测宜包括标高、沉降、流失量观测以及环境监测等。标高和沉降观测应根据原地基的土质和吹填进度确定观测频次，3 个月内宜每周观测 1 次～2 次，3 个月后可每月观测 1 次。流失量可取样测定，宜与环境监测结合，并按环评要求布置和监测。

12.9.10 滩涂生物监测宜按现行国家标准《海洋监测规范　第 7 部分：近海污染生态调查和生物监测》GB 17378.7 和现行行业标准《近岸海域环境监测技术规范　第六部分　近岸海域生物监测》HJ 442.6 执行；鸟类监测宜按现行行业标准《生物多样性观测技术导则　鸟类》HJ 710.4 有关规定执行。

12.9.11 施工期间应做好潮（水）位监测，合理安排施工进度，宜赶潮施工。

12.9.12 施工期间除对固定监测断面进行观测外，还应对堤坝全线安排专人巡查排摸，发现异常问题及时分析处理，确保堤坝工程安全。

12.9.13 施工期及完工后 1 个～3 个年度内，宜对本工程预计影响到的周边工程及河势加以监测。监测的内容应根据可能被影响对象的特性研究确定，宜包括特征点位的水文、泥沙、地形和结构物的变形。

13 工程管理设计

13.1 一般规定

13.1.1 滩涂治理与海塘工程管理设计应为拟建工程的日常维护、正常运用、工程安全和充分发挥工程效益创造条件，促进工程管理规范化、专业化、现代化，提高管理水平。

13.1.2 滩涂治理与海塘工程管理设计是工程设计的重要组成部分，管理设施建设应与主体工程建设同步进行，工程管理设施的建设投资应纳入工程总概算。

13.1.3 滩涂治理与海塘工程管理设计的主要内容应包括工程管理范围、工程安全监测、交通设施、通信设施与信息化、生物防护措施和其他管理设施、管理单位生产生活区建设、工程年运行管理费测算等。

13.1.4 滩涂治理与海塘工程管理设计应以安全可靠、经济合理、技术先进、管理方便为原则。

13.1.5 滩涂治理与海塘工程管理设计还应符合现行行业标准《堤防工程管理设计规范》SL 171 有关规定。

13.1.6 滩涂治理与海塘工程管理机构设置按照上海市滩涂和海塘管理行政规定执行。

13.2 工程管理范围

13.2.1 工程管理范围应按照保障工程安全运行的原则，根据工程等别和工程管理需要，结合当地的自然地理条件和土地利用情况合理确定。

13.2.2 工程管理范围应包括下列工程和设施的建筑场地与管理用地：

1 堤身、保滩促淤坝身、海塘内外平台和护堤地。

2 与海塘交叉、连接的水闸、泵站、管道等建（构）筑物覆盖范围。

3 监测、交通、通信、照明等附属工程设施的用地。

4 管理单位的生产与生活用房及其他附属设施用地等。

13.2.3 海塘内外坡脚外侧应有护堤地，护堤地范围应根据当地的自然条件、历史沿革和土地资源开发利用等情况综合分析确定：

1 护堤地横向宽度应从堤脚线算起，设有护脚防护工程的应从护脚的外侧边界线算起。

2 护堤地宽度不宜小于 20 m。特殊情况需要或受条件限制，经论证并经主管部门批准，护堤地的宽度可适当缩窄。

13.3 工程安全监测

13.3.1 应根据滩涂治理与海塘工程的等级、水文气象、地形地质条件、工程特征及工程运用要求设置必要的安全监测设施。安全监测设施的设置应符合可靠、方便、先进及经济合理的原则。施工期临时监测设施应考虑与永久监测设施相结合。

13.3.2 滩涂治理与海塘工程安全监测设计内容应包括监测项目、监测设施、监测方法和整理分析监测资料的技术要求。

13.3.3 安全监测项目及监测设施设计应符合下列要求：

1 监测项目和监测设施布置应能反映施工阶段或工程运行的主要状况。

2 监测断面和部位应选择在有代表性的堤段，并尽可能做到一种设施多种用途。

3 在特殊堤段或地形地质条件复杂的堤段，可适当增加监测项目和监测断面。

4 监测点应具有较好的交通、照明等条件，且应有安全保护措施。

5 应选择稳定可靠、实用方便、技术先进、抗腐蚀性的监测仪器和设备。必要时，可利用卫星遥感及无人机、智能巡检等先进技术手段。

13.3.4 滩涂治理与海塘工程应根据工程建设、运行和管理需要设置下列一般性安全监测项目：

1 堤坝及其他结构物的沉降和水平位移。

2 堤坝及其他结构物表面观测：包括裂缝、滑坡、坍塌、隆起、渗透变形及表面侵蚀破坏和其他可能的异常现象。

3 近岸河床或岸滩的冲淤变化。

4 促淤区地形。

13.3.5 可根据工程安全、影响评估及研究的实际需要，设置专门性监测项目。专门性监测项目的设置应突出重点、有针对性。对于监测设施和埋设方法应进行充分论证，可选择下列专门性监测项目：

1 风暴潮或特大洪水后工程区水流及地形。

2 堤身浸润线。

3 生物及工程防浪、消浪设施的效果。

4 波浪及爬高。

13.3.6 监测设施设计内容应符合现行国家标准《堤防工程设计规范》GB 50286、《海堤工程设计规范》GB/T 51015 及现行行业标准《水利水电工程安全监测设计规范》SL/T 725、《堤防工程安全监测技术规程》SL/T 794 等的规定，并宜建立自动监测系统。

13.3.7 应根据监测结果对滩涂治理与海塘工程的安全运行及时评判，并及时采取相应的维护措施。

13.3.8 对于城市海塘工程、重点险工险段、重要交通路口、重要交叉建筑物等堤段，宜设置视频监视设施。

13.4 交通设施

13.4.1 根据工程管理和防汛抢险需要，可设置对内、对外交通系统。

13.4.2 内外交通道路应合理衔接，满足行车安全和通行能力的要求。道路应结合海塘特点设置必要的排水、安全、管理及监视等附属设施。

13.4.3 利用堤顶道路兼作公路或市政道路的，应同时满足海塘工程和公路或市政工程相关设计标准。

13.5 通信设施与信息化

13.5.1 根据工程管理和防汛抢险需要，可配置通信系统。通信系统建设应遵循下列原则：

1 通信系统应满足信息传输迅速、准确、可靠的要求。

2 通信系统建设应以利用当地公共通信设施为主。

13.5.2 根据工程管理需要，宜建立工程管理信息系统，包括建立基础信息、安全监测、视频安防、防汛视频会商等子系统。

13.5.3 宜加强数字化、网络化、智能化等应用。

13.6 生物防护措施和其他管理设施

13.6.1 根据海塘安全、保滩护岸、维护生态环境及生产经营需要，宜设置植物消浪带、防护林带、草皮护坡等生物防护措施。

13.6.2 根据工程管理需要，应设置界碑(牌)、里程桩、标志牌、宣传牌、限行减速装置等设施，并遵循下列规定：

1 界碑(牌)、里程桩、标志牌、宣传牌等标志设施应布局合理、统一规格、标识清晰、醒目美观、埋设坚固，并与周边环境相协调。

2 堤顶道路急弯处、交叉道口，应设置限行减速装置及安全管理标志牌。

3 村庄、城镇等人口相对密集区或景区等人流量相对较大的区域，应设置固定的便于公众了解的水利相关法律法规宣传牌、宣传设施等。

13.7 工程年运行管理费

13.7.1 滩涂治理与海塘工程管理设计，应在工程总体经济评价的基础上，提出工程初期运行和正常运行所需之年运行管理费用并说明资金的来源渠道。

13.7.2 工程年运行管理费的计算原则、内容和方法，应按照现行行业标准《水利建设项目经济评价规范》SL 72 的有关规定执行。

附录 A　上海沿江沿海设计风速

采用上海市崇明、宝山、南汇、奉贤和金山五个气象站系列资料，进行相关性分析和延伸，换算成沿江(海)10 m 高度年最大 10 min 平均风速见表 A.1～表 A.5。表中风速单位均为 m/s。

表 A.1　崇明西(堡镇以西)各方向特征风速

方位 重现期(年)	N	NE	E	SE	S	SW	W	NW
5	21.7	20.2	19.6	20.8	18.6	17.9	21.1	22.1
10	24.4	22.6	21.9	23.4	21.1	20.5	23.5	24.7
20	26.9	25.0	24.1	25.9	23.4	22.9	25.8	27.2
50	30.1	28.0	26.9	29.1	26.4	26.0	28.7	30.3
100	32.5	30.2	29.0	31.5	28.6	28.3	30.9	32.7
200	35.0	32.5	31.1	34.0	30.9	30.7	33.2	35.2
300	36.4	33.7	32.3	35.3	32.2	32.0	34.4	36.5
500	38.5	35.5	34.0	37.2	33.9	33.9	36.1	38.4
1 000	40.7	37.8	36.1	39.6	36.1	36.2	38.3	40.7

表 A.2　宝山(吴淞口以西)各方向特征风速

方位 重现期(年)	N	NE	E	SE	S	SW	W	NW
5	19.1	19.2	19.1	17.3	16.2	16.8	18.3	18.3
10	21.7	21.7	21.5	19.3	18.1	18.9	20.4	20.6
20	24.3	24.1	23.8	21.3	19.9	20.8	22.5	22.8
50	27.5	27.1	26.7	23.7	22.1	23.3	25.1	25.5
100	30.0	29.3	28.9	25.6	23.8	25.1	27.0	27.6

续表A.2

重现期(年) \ 方位	N	NE	E	SE	S	SW	W	NW
200	32.5	31.7	31.2	27.5	25.5	27.0	29.1	29.7
300	33.8	33.0	32.4	28.5	26.4	28.1	30.2	30.9
500	35.8	34.8	34.1	30.0	27.8	29.6	31.8	32.5
1 000	38.2	37.0	36.3	31.8	29.5	31.4	33.7	34.6

表 A.3　浦东(吴淞口至中港)及崇明东(堡镇以东及长兴横沙)各方向特征风速

重现期(年) \ 方位	N	NE	E	SE	S	SW	W	NW
5	20.4	20.9	19.9	19.1	18.2	16.5	20.1	21.0
10	23.6	24.2	22.5	21.4	20.8	19.2	23.3	24.2
20	26.7	27.5	24.9	23.6	23.4	21.9	26.3	27.2
50	30.6	31.5	28.0	26.4	26.6	25.2	30.1	31.1
100	33.5	34.6	30.3	28.5	29.1	27.6	32.9	33.9
200	36.5	37.7	32.7	30.6	31.6	30.2	35.9	36.9
300	38.1	39.5	34.0	31.8	32.9	31.6	37.5	38.5
500	40.4	41.9	35.9	33.5	34.9	33.6	39.7	40.8
1 000	43.3	44.9	38.2	35.6	37.3	36.0	42.6	43.7

表 A.4　奉贤(中港至南竹港)各方向特征风速

重现期(年) \ 方位	N	NE	E	SE	S	SW	W	NW
5	18.7	18.8	18.5	18.0	16.9	16.0	20.3	20.2
10	21.5	21.6	20.8	20.1	18.8	18.2	23.0	22.9
20	24.2	24.2	23.1	22.1	20.6	20.4	25.6	25.5
50	27.6	27.6	25.9	24.7	22.9	23.1	28.9	28.8
100	30.2	30.1	28.0	26.6	24.6	25.1	31.4	31.3

续表A.4

重现期(年) \ 方位	N	NE	E	SE	S	SW	W	NW
200	32.8	32.7	30.2	28.6	26.4	27.2	33.9	33.9
300	34.2	34.1	31.4	29.6	27.3	28.3	35.3	35.3
500	36.3	36.1	33.1	31.2	28.7	29.9	37.3	37.3
1 000	38.8	38.6	35.2	33.1	30.4	31.9	39.7	39.7

表 A.5 金山(南竹港以西)各方向特征风速

重现期(年) \ 方位	N	NE	E	SE	S	SW	W	NW
5	18.8	18.3	19.1	18.2	16.8	15.7	19.7	20.1
10	21.3	20.8	21.7	20.6	19.2	18.0	22.2	22.6
20	23.7	23.2	24.1	22.9	21.6	20.2	24.6	25.0
50	26.6	26.2	27.2	25.8	24.5	23.0	27.6	28.0
100	28.9	28.5	29.5	28.0	26.7	25.1	29.8	30.3
200	31.2	30.9	31.9	30.2	29.0	27.3	32.2	32.7
300	32.4	32.1	33.2	31.4	30.2	28.5	33.4	33.9
500	34.2	33.9	35.0	33.2	32.0	30.2	35.2	35.8
1 000	36.4	36.2	37.3	35.3	34.2	32.3	37.5	38.0

附录B 沿江沿海主要水文站点位置及特征潮位资料

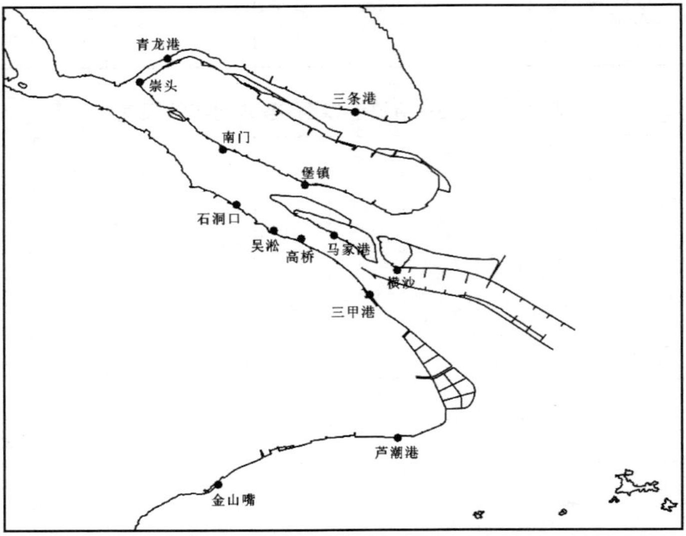

图B 沿江沿海主要水文站点位置

表B 沿江沿海主要水文站点特征潮位(单位:m)

区域	站点	各重现期(年)的高潮位						多年平均高潮位	多年平均潮位
		1 000	200	100	50	20	10		
杭州湾	金山嘴	7.35	6.83	6.60	6.37	6.06	5.82	3.80	1.79
	芦潮港	6.42	5.99	5.80	5.62	5.37	5.18	3.49	1.86
长江口	吴淞	6.60	6.21	6.04	5.87	5.63	5.44	3.33	2.13
	高桥	6.95	6.43	6.21	5.98	5.68	5.44	3.38	2.15
	三甲港	6.82	6.30	6.07	5.83	5.52	5.27	—	—
	石洞口	7.05	6.53	6.30	6.07	5.76	5.51	—	—

续表B

区域	站点	各重现期(年)的高潮位						多年平均高潮位	多年平均潮位
		1 000	200	100	50	20	10		
崇明岛	崇头	7.04	6.71	6.57	6.41	6.18	5.99	3.43	2.35
	南门	6.98	6.56	6.38	6.19	5.93	5.72	3.33	2.14
	堡镇	6.86	6.39	6.18	5.97	5.69	5.47	3.35	2.12
	青龙港	7.31	6.78	6.55	6.31	5.99	5.73	3.95	2.62
	三条港	7.30	6.78	6.56	6.33	6.02	5.79	3.08	2.46
横沙岛	横沙	6.77	6.26	6.03	5.81	5.50	5.26	3.32	2.02
长兴岛	马家港	6.84	6.36	6.15	5.94	5.65	5.43	3.30	2.07

注:1. 基准面均为上海吴淞基面。
2. 以上高潮位值供海塘设计时参考使用。

附录C　波浪要素计算

C.0.1　上海外海水域深水波要素取值可参照图C.0.1及表C.0.1。

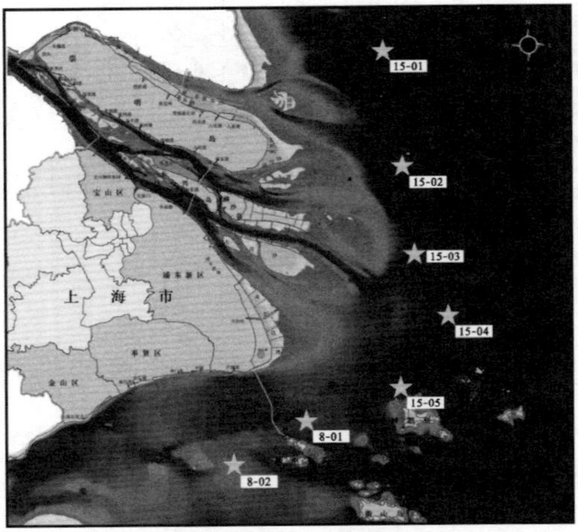

图C.0.1　上海外海水域深水波要素输出站点位置示意

表C.0.1-1　各等深线深水波要素输出站点位置

站点	经度(°)	纬度(°)
等深线	15 m	
15-01	122.350	31.817
15-02	122.418	31.475
15-03	122.459	31.219
15-04	122.573	31.036
15-05	122.414	30.822
等深线	8 m	
8-01	122.095	30.715
8-02	121.848	30.585

表 C.0.1-2　15 m 等深线 SE 向不同重现期有效波高 H_s 及平均波周期 T

重现期(年)	200		100		50		20	
站位	H_s(m)	T(s)	H_s(m)	T(s)	H_s(m)	T(s)	H_s(m)	T(s)
15-02	5.5	8.14	5.1	7.66	4.7	7.18	4.1	6.46
15-03	6.0	8.68	5.5	8.09	5.0	7.49	4.2	6.54
15-04	6.5	9.23	6.1	8.76	5.5	8.05	4.8	7.22
15-05	4.8	7.34	4.4	6.85	3.9	6.24	3.2	5.39

表 C.0.1-3　15 m 等深线 E 向不同重现期有效波高 H_s 及平均波周期 T

重现期(年)	200		100		50		20	
站位	H_s(m)	T(s)	H_s(m)	T(s)	H_s(m)	T(s)	H_s(m)	T(s)
15-01	6.3	9.25	5.8	8.64	5.3	8.02	4.6	7.16
15-02	6.6	9.47	6.2	8.98	5.7	8.38	5.0	7.54
15-03	7.2	10.11	6.6	9.40	6.1	8.80	5.3	7.85
15-04	8.1	11.13	7.5	10.42	6.9	9.71	6.1	8.76
15-05	6.3	9.17	5.8	8.56	5.3	7.95	4.6	7.10

表 C.0.1-4　15 m 等深线 NE 向不同重现期有效波高 H_s 及平均波周期 T

重现期(年)	200		100		50		20	
站位	H_s(m)	T(s)	H_s(m)	T(s)	H_s(m)	T(s)	H_s(m)	T(s)
15-01	5.7	8.51	5.5	8.27	5.2	7.90	4.8	7.41
15-02	6.7	9.59	6.3	9.10	5.9	8.62	5.4	8.02
15-03	6.7	9.52	6.3	9.04	5.9	8.56	5.3	7.85
15-04	8.8	11.96	8.1	11.13	7.4	10.30	6.4	9.11
15-05	6.3	9.17	6.0	8.80	5.6	8.32	5.1	7.71

表 C.0.1-5　15 m 等深线 N 向不同重现期有效波高 H_s 及平均波周期 T

重现期(年)	200		100		50		20	
站位	H_s(m)	T(s)	H_s(m)	T(s)	H_s(m)	T(s)	H_s(m)	T(s)
15-01	5.3	8.02	5.0	7.65	4.6	7.16	4.2	6.67
15-02	5.7	8.38	5.3	7.90	5.0	7.54	4.4	6.82
15-03	5.3	7.85	5.0	7.49	4.7	7.13	4.2	6.54

表 C.0.1-6　8 m 等深线各站点 SE 方向不同重现期有效波高 H_s 与平均波周期 T

重现期(年)	200		100		50		20	
站位	H_s(m)	T(s)	H_s(m)	T(s)	H_s(m)	T(s)	H_s(m)	T(s)
8-01	5.00	7.53	4.60	7.06	4.20	6.58	3.70	5.99
8-02	4.90	7.44	4.40	6.84	3.90	6.24	3.30	5.51

C.0.2　海湾及河口区风浪要素可按莆田海堤试验站公式计算确定，其计算应按下列公式：

$$\frac{g\bar{H}}{V^2}=0.13\text{th}\left[0.7\left(\frac{gd}{V^2}\right)^{0.7}\right]\text{th}\left\{\frac{0.0018\left(\frac{gL_F}{V^2}\right)^{0.45}}{0.13\tanh\left[0.7\left(\frac{gd}{V^2}\right)^{0.7}\right]}\right\} \tag{C.0.2-1}$$

$$\frac{g\bar{T}}{V}=13.9\left(\frac{g\bar{H}}{V^2}\right)^{0.5} \tag{C.0.2-2}$$

式中：$\bar{H}$——平均波高(m)；

$\bar{T}$——平均周期(s)；

V——计算风速(m/s)；

L_F——风区长度(m)；

d——水域的平均水深(m)；

g——重力加速度(m/s^2)，取 9.81 m/s^2。

在河口、海湾地区，主风向上对岸为陆地，则风区长度按有限风区考虑；主风向两侧水域开敞且为开敞海域时，则风区长度按极限风区考虑(表 C.0.2)。

表 C.0.2 极限风区长度(单位:km)

水深(m) \ 风速(m/s)	15	20	25	30	35	40
5	50	40	30	25	20	20
10	150	100	90	70	60	50
15	250	200	160	140	120	100
20	400	300	250	200	180	150
25	500	400	350	300	250	200

C.0.3 缓坡地形近距离波浪传播变形计算，在假定周期不变且已知深水波要素 H_0、T_0，求解水深 d_0 处传播变形至水深 d_1 处的波要素，可分为以下 7 个步骤(图 C.0.3)。

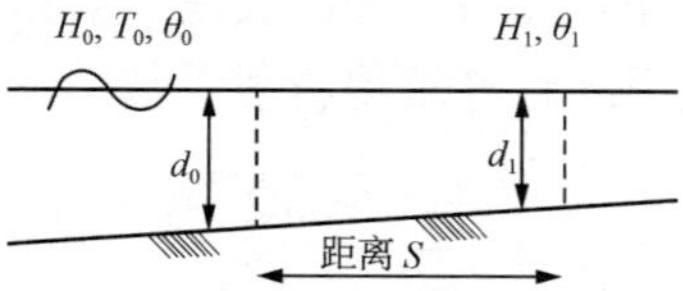

图 C.0.3 波浪变形计算示意图

1 步骤一：按下列公式通过迭代计算求得 d_0 和 d_1 水深处的波长。

$$L = \frac{gT^2}{2\pi} \operatorname{th} \frac{2\pi d}{L} \tag{C.0.3-1}$$

$$k = \frac{2\pi}{L} \tag{C.0.3-2}$$

$$C=\frac{L}{T} \tag{C.0.3-3}$$

式中：L——任意水深处波长(m)；

d——该处水深(m)；

k——该处波数；

C——该处波速(m/s)；

T——波周期(s)，计算过程中假定不变。

2 步骤二：按下式计算求得浅水中波能传递率。

$$n=\frac{1}{2}\left(1+\frac{2kd}{\sinh(2kd)}\right) \tag{C.0.3-4}$$

式中：n——浅水中波能传递率。

3 步骤三：按下式计算求得水深 d_1 处的波浪入射角度。

$$\theta_1=\arcsin\left(\frac{C_1}{C_0}\sin(\theta_0)\right) \tag{C.0.3-5}$$

式中：θ_0——水深 d_0 处的入射波角度(°)；

C_0、C_1——分别为 d_0、d_1 处对应的波速(m/s)；

θ_1——所求解的水深 d_1 处的波浪入射角度(°)。

4 步骤四：按下式计算求得折射系数。

$$k_r=\sqrt{\frac{\cos(\theta_0)}{\cos(\theta_1)}} \tag{C.0.3-6}$$

式中：k_r——折射系数。

5 步骤五：按下式计算求得波群速。

$$C_g=nC \tag{C.0.3-7}$$

式中：C_g——波群速(m/s)。

6 步骤六：按下式计算求得浅水系数。

$$k_s=\sqrt{\frac{C_{g0}}{C_{g1}}} \tag{C.0.3-8}$$

式中：k_s——浅水系数。

7 步骤七：按下式计算求得计算点处波高。

$$H_1 = H_0 k_s k_r \tag{C.0.3-9}$$

式中：H_1——计算点 d_1 处波高(m)；

H_0——水深 d_0 处的入射波高(m)；

k_r、k_s——分别为折射系数和浅水系数。

C.0.4 斜坡式抛石潜堤消浪效果(图C.0.4)可按下式计算：

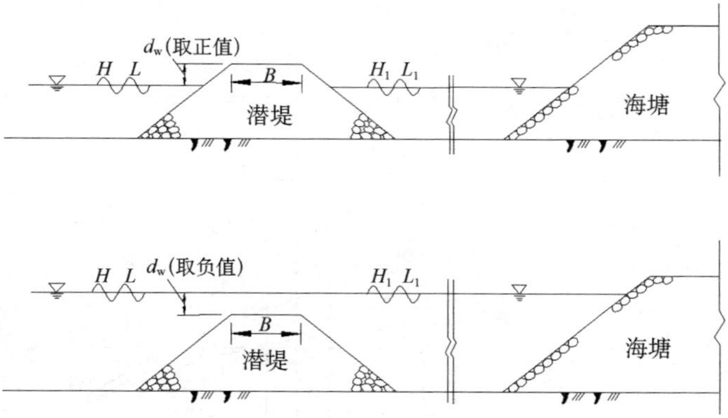

图C.0.4 海塘前设有潜堤的示意图

$$\left.\begin{aligned}\frac{H_1}{H} &= \mathrm{th}\left\{0.8\left[\left|\frac{d_w}{H}\right| + 0.038\,\frac{L}{H}\left(1.5e^{-0.4\frac{B}{H}}\right)\right]\right\},\ \frac{d_w}{H} \leqslant 0 \\ \frac{H_1}{H} &= \mathrm{th}\left[0.03\,\frac{L}{H}\left(1.5e^{-0.4\frac{B}{H}}\right)\right] - \mathrm{th}\left(\frac{d_w}{2H}\right),\ \frac{d_w}{H} > 0\end{aligned}\right\} \tag{C.0.4}$$

式中：B——潜堤堤顶宽(m)；

H_1——堤后某一地点在筑堤后的透射波高(m)；

H——堤后同一地点在筑堤前的入射波高(m)；

d_w——静水超高(m)，潜堤堤顶在静水面以上取正值，反之取负值；

L——入射波波长(m)。

C.0.5 规则波破碎波高的确定：当海底坡度大于或等于 1/140 时，破碎波高与破碎水深、水底坡度的关系可参照图 C.0.5 求得。图上求得不同水深 d 处的破碎波高 H_b，即为该水深的极限波高。深水波长 L_0 按下式计算：

$$L_0 = 1.56\bar{T}^2 \tag{C.0.5}$$

式中：L_0——深水波长(m)；

$\bar{T}$——平均周期(s)。

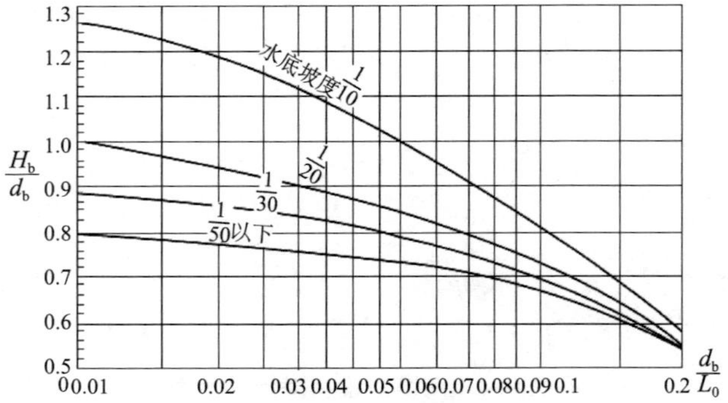

图 C.0.5　破碎波高与破碎水深比值

C.0.6 不同累积频率的波高可按下式进行换算，也可按表 C.0.6 查算。

$$H_F = \bar{H}\left[-\frac{4}{\pi}\left(1+\frac{1}{\sqrt{2\pi}}H^*\right)\ln F\right]^{\frac{1-H^*}{2}} \tag{C.0.6}$$

式中：H_F——累积频率为 F 的波高(m)；

$\bar{H}$——平均波高(m)；

H^*——考虑水深因子 d 的系数，其值为 $\bar{H}/d$；

F——累积频率。

表 C.0.6　不同累积频率波高换算

H/d	F(%)									
	0.1	1	2	3	4	5	10	13	20	50
	$H_F/\bar{H}$									
0	2.97	2.42	2.23	2.11	2.02	1.95	1.71	1.61	1.43	0.94
0.1	2.70	2.26	2.09	2.00	1.92	1.86	1.65	1.56	1.41	0.96
0.2	2.46	2.09	1.96	1.88	1.81	1.76	1.59	1.51	1.37	0.98
0.3	2.23	1.93	1.82	1.76	1.70	1.66	1.52	1.45	1.34	1.00
0.4	2.01	1.78	1.69	1.64	1.60	1.56	1.44	1.39	1.30	1.01
0.5	1.80	1.63	1.56	1.52	1.49	1.46	1.37	1.33	1.25	1.01

注：d 为计算点水深(m)。

附录D　上海地区除涝排水最大24 h面暴雨量和设计雨型

上海地区除涝排水设计，各水利片20年一遇最大24 h面暴雨量见表D.1，20年一遇设计暴雨雨型24 h雨量分布见表D.2。

表D.1　上海市沿江沿海水利片20年一遇最大24 h面暴雨量

序号	水利片	面暴雨量(mm)
1	浦东片(北)	204.8
	浦东片(南)	201.1
2	嘉宝北片	203.1
3	浦南东片	192.9
4	崇明岛片	196.9
5	长兴岛片	198.9
6	横沙岛片	198.9

表D.2　上海市20年一遇设计暴雨雨型24 h雨量分布

时间(h)	1	2	3	4	5	6	7	8	9	10	11	12
雨量比例(%)	0.3	0.4	0.3	1.1	3.7	3.4	5.8	4.4	3.9	3.9	5.5	7.6
时间(h)	13	14	15	16	17	18	19	20	21	22	23	24
雨量比例(%)	18.5	8.6	5.8	4.7	4.6	3.8	3.8	2.8	2.3	2.4	1.5	0.9

附录E 波浪爬高计算

E.0.1 单一坡度的斜坡堤在正向规则波作用下的波浪爬高可按下列规定确定：

1 本条所列公式适用于下列条件：

1) 波浪正向作用；

2) 斜坡坡比 $1:m$，m 为 1～5；

3) 堤脚前水深 $d=(1.5\sim5.0)H$；

4) 堤脚前底坡 $i\leqslant 50$。

2 正向规则波在斜坡堤上的波浪爬高(图 E.0.1)可按下列公式计算：

$$R=K_{\Delta}R_{1}H \tag{E.0.1-1}$$

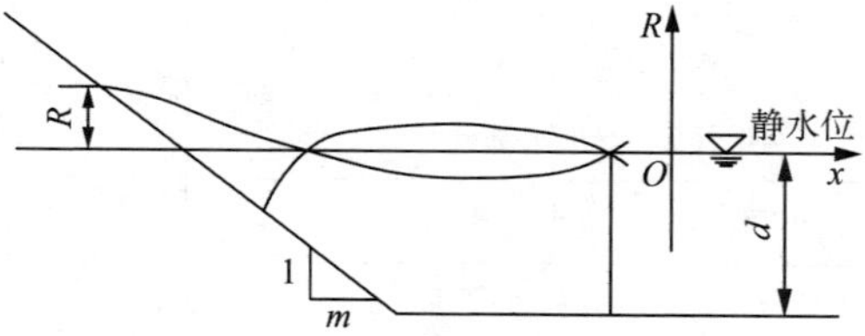

图 E.0.1 单坡上的波浪爬高示意图

$$R_{1}=1.24\tanh(0.432M)+[(R_{1})_{\mathrm{m}}-1.029]R(M) \tag{E.0.1-2}$$

$$M=\frac{1}{m}\left(\frac{L}{H}\right)^{1/2}\left[\tanh\left(\frac{2\pi d}{L}\right)\right]^{-1/2} \tag{E.0.1-3}$$

$$(R_{1})_{\mathrm{m}}=2.49\tanh\left(\frac{2\pi d}{L}\right)\left[1+\frac{\frac{4\pi d}{L}}{\sinh\left(\frac{4\pi d}{L}\right)}\right] \tag{E.0.1-4}$$

$$R(M)=1.09M^{3.32}\exp(-1.25M) \qquad (E.0.1\text{-}5)$$

式中：R——波浪爬高(m)，从静水位起算，向上为正；

R_1——$K_{\Delta}=1$、$H=1$ m 时的波浪爬高(m)；

$(R_1)_m$——相应于某一 d/L 时的爬高最大值(m)；

H——波高(m)；

M——与斜坡坡比 m 值有关的函数；

$R(M)$——爬高函数；

K_{Δ}——与斜坡护面结构型式有关的糙渗系数，可按表 E.0.1 确定。

表 E.0.1 斜坡的糙渗系数 K_{Δ}

护面类型	K_{Δ}
光滑不透水护面(沥青混凝土)	1.00
混凝土及混凝土板护面	0.90
草皮护面	0.85～0.90
砌石护面	0.75～0.80
抛填两层块石(不透水基础)	0.60～0.65
抛填两层块石(透水基础)	0.50～0.55
四脚空心方块(安放 1 层)	0.55
四脚锥体(安放 2 层)	0.40
扭工字块体(安放 2 层)	0.38
混凝土方块(抛填 2 层)	0.50
扭王块体	0.47
块石(安放 1 层)	0.60～0.65
栅栏板	0.49
翼形块体	0.38
螺母块体	0.55

E.0.2 风直接作用下，单一坡度的斜坡堤正向不规则波的爬高可按以下公式计算：

1 适用条件与 E.0.1 条相同。

2 正向不规则波的爬高可按下式计算：

$$R_{1\%}=K_{\Delta}K_{V}R_{1}H_{1\%} \tag{E.0.2}$$

式中：$R_{1\%}$——累积频率为 1% 的爬高(m)；

K_V——与风速有关的系数，可根据风速 V(m/s)、堤前水深 d(m)、重力加速度 g(m/s^2)组成的无维量查表 E.0.2-1 确定；

R_1——$K_{\Delta}=1$、$H=1$ m 时的爬高(m)，由公式(E.0.1-2)确定，计算时波坦取为 $L/H_{1\%}$。

表 E.0.2-1 系数 K_V

$V/\sqrt{gd}$	≤1	2	3	4	≥5
K_V	1.00	1.10	1.18	1.24	1.28

3 其他累积频率 F 的爬高 R_F，可由 $R_{1\%}$ 乘以表 E.0.2-2 中的换算系数 K_F 而得出。

表 E.0.2-2 系数 K_F

F(%)	0.1	1	2	4	5	10	13.7	20	30	50
K_F	1.17	1.00	0.93	0.87	0.84	0.75	0.71	0.65	0.58	0.47

注：F=4% 和 F=13.7% 的爬高分别相当于将不规则的爬高值按大小排列时，其中最大的 1/10 和 1/3 部分的平均值。

E.0.3 对带有平台的复合斜坡堤的波浪爬高计算(图 E.0.3)，可先确定该断面的折算坡度系数 m_e，再按坡度系数为 m_e 的单坡断面确定其爬高。折算坡度系数 m_e 可按下列公式计算：

1 当 $\Delta m=m_{下}-m_{上}=0$，即上、下坡度一致时

$$m_e=m_{上}\left(1-4.0\frac{|d_w|}{L}\right)K_b \tag{E.0.3-1}$$

$$K_b = 1 + 3\frac{B}{L} \qquad \text{(E. 0. 3-2)}$$

2 当 $\Delta m > 0$，即下坡缓于上坡时

$$m_e = (m_{上} + 0.3\Delta m - 0.1\Delta m^2)\left(1 - 4.5\frac{d_w}{L}\right)K_b \qquad \text{(E. 0. 3-3)}$$

3 当 $\Delta m < 0$，即下坡陡于上坡时

$$m_e = (m_{上} + 0.5\Delta m + 0.08\Delta m^2)\left(1 + 3.0\frac{d_w}{L}\right)K_b \qquad \text{(E. 0. 3-4)}$$

式中：$m_{上}$、$m_{下}$——分别为平台以上、以下的斜坡坡度；

d_w——平台上的水深(图 E. 0. 3，当平台在静水位以下时取正值，平台在静水位以上时取负值，$|d_w|$表示取绝对值)(m)；

B——平台宽度(m)；

L——波长(m)。

注：上述折算坡度法适用于 $m_{上} = 1.0 \sim 4.0$，$m_{下} = 1.5 \sim 3.0$，$d_w/L = -0.025 \sim +0.025$，$0.05 < B/L \leqslant 0.25$。

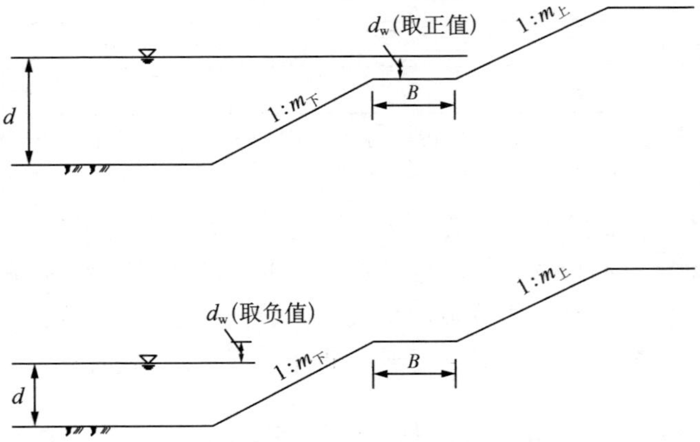

图 E. 0. 3　带平台的复式斜坡断面示意图

E.0.4 当来波波向线与堤轴线的法线成 β 角(度)时,上述计算得到的波浪爬高应乘以系数 K_β 加以修正。当堤坡坡度 m 不小于 1 时,K_β 可按表 E.0.4 确定。

表 E.0.4 系数 K_β

β(°)	≤15	20	30	40	50	60
K_β	1.00	0.96	0.92	0.87	0.82	0.76

E.0.5 对有压载的斜坡堤的波浪爬高计算(图 E.0.5),应先按前述方法计算无压载时的波浪爬高值,乘以压载系数 K_y,即得有压载的波浪爬高值,K_y 可按表 E.0.5 确定。

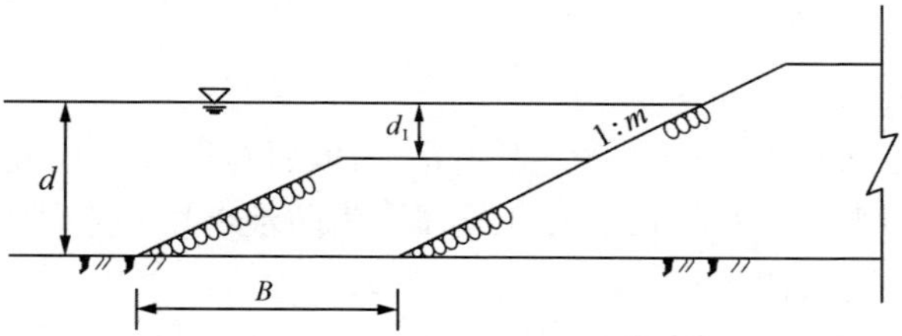

图 E.0.5 带压载的海塘断面示意图

表 E.0.5 压载系数 K_y

B/L	0.2			0.4			0.6			0.8		
d_1/H \ L/H	≤15	20	25	≤15	20	25	≤15	20	25	≤15	20	25
1.0	0.85	0.94	0.99	0.75	0.83	0.87	0.70	0.78	0.81	0.68	0.75	0.79
1.5	0.92	1.03	1.13	0.86	0.96	1.06	0.81	0.91	1.00	0.79	0.88	0.97
2.0	0.95	1.10	1.18	0.91	1.06	1.14	0.89	1.01	1.11	0.87	1.01	1.09
2.5	0.98	1.04	1.10	0.96	1.02	1.08	0.93	0.99	1.04	0.92	0.98	1.03

注:本表只适用于斜坡堤坡比 m 不小于 1.0 的情况。

附录 F　越浪量计算

F. 0. 1　符合以下条件的斜坡式堤防堤顶越浪量可按下列规定确定：

1　式(F. 0. 1-1)、式(F. 0. 1-2)的适用范围如下：

1) $2.2 \leqslant d/H_{1/3} \leqslant 4.7$；

2) $0.02 \leqslant H_{1/3}/L_{PO} \leqslant 0.10$[$L_{PO}$ 为以谱峰周期 T_P 计算的深水波长(m)]；

3) $1.5 \leqslant m \leqslant 3.0$；

4) $0.6 \leqslant b_1/H_{1/3} \leqslant 1.4$[$b_1$ 为坡肩宽度(m)]；

5) $1.0 \leqslant H'_c/H_{1/3} \leqslant 1.6$[$H'_c$ 为防浪墙墙顶在静水位以上的高度(m)]；

6) 底坡 $i \leqslant 1/25$。

2　当斜坡堤堤顶无防浪墙时(图 F. 0. 1-1)，堤顶越浪量可按式(F. 0. 1-1)计算：

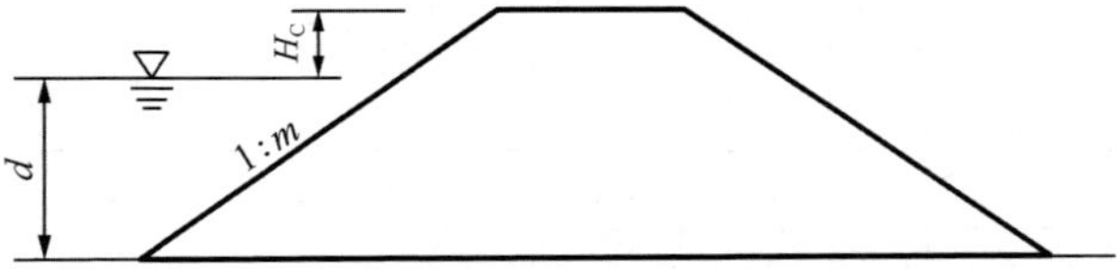

图 F. 0. 1-1　堤顶无防浪墙斜坡堤

$$q = AK_A \frac{H_{1/3}^2}{T_P}\left(\frac{H_c}{H_{1/3}}\right)^{-1.7}\left[\frac{1.5}{\sqrt{m}} + \mathrm{th}\left(\frac{d}{H_{1/3}} - 2.8\right)^2\right]\ln\sqrt{\frac{gT_P^2 m}{2\pi H_{1/3}}} \tag{F.0.1-1}$$

式中：q——越浪量，即单位时间单位堤宽的越浪水体体积[$m^3/(s \cdot m)$]；

H_c——堤顶在静水面以上的高度(m)；

A——经验系数，按表 F.0.1-1 确定；

K_A——护面结构影响系数，可按表 F.0.1-2 确定；

T_P——谱峰周期(s)，$T_P=1.33\bar{T}$。

表 F.0.1-1 经验系数 A、B

m	1.5	2.0	3.0
A	0.035	0.060	0.056
B	0.60	0.45	0.38

表 F.0.1-2 护面结构影响系数 K_A

护面结构	混凝土板	抛石	扭工字块体	四脚空心方块
K_A	1.0	0.49	0.40	0.50

3 斜坡堤顶有防浪墙时(图 F.0.1-2)，堤顶的越浪量可按式(F.0.1-2)计算：

$$Q=0.07^{H_c'/H_{1/3}}\exp\left(0.5-\frac{b_1}{2H_{1/3}}\right)BK_A\frac{H_{1/3}^2}{T_P}\left[\frac{0.3}{\sqrt{m}}+\tanh\left(\frac{d}{H_{1/3}}-2.8\right)^2\right]\ln\sqrt{\frac{gT_P^2m}{2\pi H_{1/3}}} \tag{F.0.1-2}$$

式中：B——经验系数，可按表 F.0.1-1 确定。

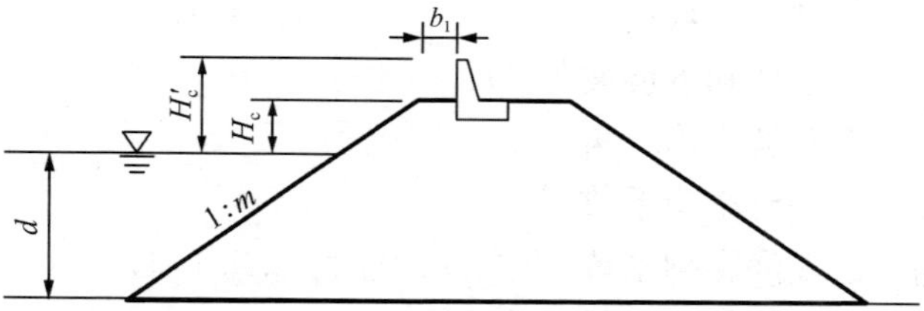

图 F.0.1-2 堤顶有防浪墙斜坡堤

F.0.2 带有平台的复式斜坡堤的越浪量计算可采用下列公式：

1 欧洲海堤越浪评估公式(图 F.0.2-1)见下式：

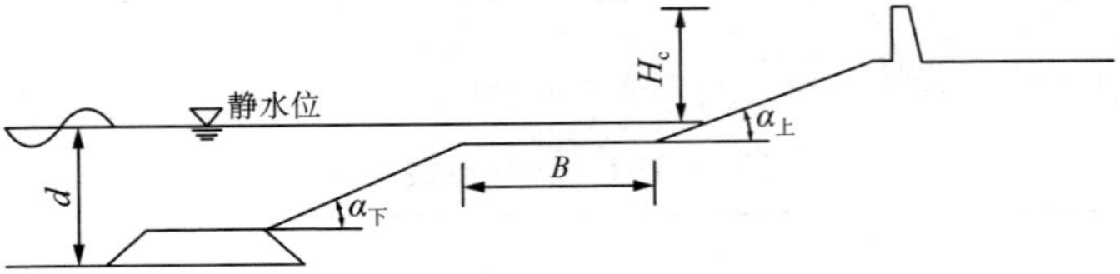

图 F.0.2-1 带有平台的复式斜坡堤

$$\frac{q}{\sqrt{gH_s^3}}=\frac{0.067}{\sqrt{\tan\alpha}}\gamma_b\cdot\xi_m\cdot\exp\left(-4.3\frac{H_c}{H_s}\frac{1}{\xi_m\cdot\gamma_b\cdot\gamma_f\cdot\gamma_\beta\cdot\gamma_\upsilon}\right)\ \xi_m<5 \tag{F.0.2-1}$$

上式最大值为

$$\frac{q}{\sqrt{gH_s^3}}=0.2\cdot\exp\left(-2.3\frac{H_c}{H_s}\frac{1}{\gamma_f\cdot\gamma_\beta}\right) \tag{F.0.2-2}$$

式中：q——越浪量，即单位时间单位堤宽的越浪水体体积[$m^3/(s\cdot m)$]；

H_s——有效波高(m)；

T_m——谱周期(s)，$T_m=T_P/1.1$；

H_c——堤顶在静水面以上的高度，有防浪墙时为到防浪墙顶高度(m)；

ξ_m——破波参数；

$\alpha_上$、$\alpha_下$——上坡和下坡坡角(°)；

α——复坡平均坡角(°)；

γ_b——平台影响系数；

γ_f——糙渗影响系数，可查本标准表 E.0.1-1；

γ_β——波浪斜向入射影响系数；

γ_υ——堤顶防浪墙影响系数。

1）破波参数 ξ_m 可按下式计算：

$$\xi_m = \frac{\tan\alpha}{\sqrt{S_0}},\ S_0 = \frac{2\pi H_s}{gT_m^2} \qquad (F.0.2\text{-}3)$$

2）波浪斜向入射影响系数 γ_β 的计算可按下式：

$$\gamma_\beta = 1 - 0.0033\,|\beta| \quad 0° \leqslant |\beta| \leqslant 80° \qquad (F.0.2\text{-}4)$$

$$\gamma_\beta = 0.736 \quad |\beta| > 80° \qquad (F.0.2\text{-}5)$$

式中：β——入射角(°)，正向入射时 $\beta=0$。

3）堤顶防浪墙影响系数 γ_v 可按下式计算：

$$\gamma_v = 1.35 - 0.0078 \cdot \alpha_{wall} \qquad (F.0.2\text{-}6)$$

式中：α_{wall}——防浪墙角度(°)，堤顶防浪墙迎浪面坡度为 1∶1 时取 45°，堤顶防浪墙为直墙时取 90°。

4）平台影响系数 γ_b（图 F.0.2-2）可按下式计算：

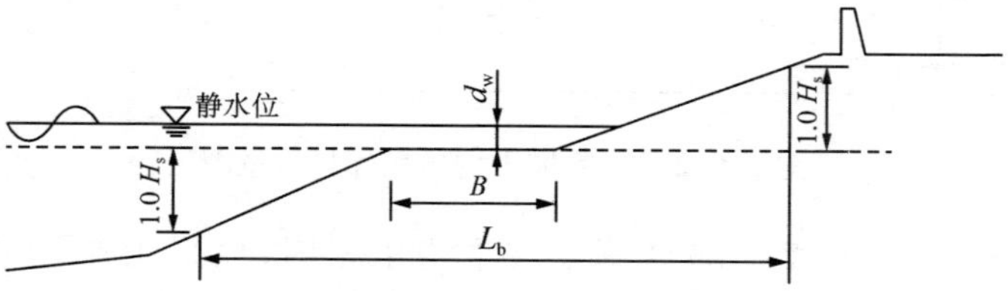

图 F.0.2-2　复坡平台影响系数计算示意图

$$\gamma_b = 1 - \gamma_B(1 - \gamma_{db}) \quad 0.6 \leqslant \gamma_b \leqslant 1.0 \qquad (F.0.2\text{-}7)$$

$$\gamma_B = \frac{B}{L_b} \qquad (F.0.2\text{-}8)$$

$$\gamma_{db} = 0.5 - 0.5\cos\left(\pi\frac{d_w}{R_{2\%}}\right) \quad d_w < 0 \qquad (F.0.2\text{-}9)$$

$$\gamma_{db} = 0.5 - 0.5\cos\left(\pi\frac{d_w}{2H_s}\right) \quad d_w > 0 \qquad (F.0.2\text{-}10)$$

式(F.0.2-9)中 $R_{2\%}$ 可按式(F.0.2-11)计算：

$$R_{2\%}=1.75H_s\gamma_b\gamma_f\gamma_\beta\xi_m \qquad (F.0.2\text{-}11)$$

上式最大值为

$$R_{2\%}=H_s\cdot\gamma_f\cdot\gamma_\beta\cdot\left(4.3-\frac{1.6}{\sqrt{\xi_m}}\right) \qquad (F.0.2\text{-}12)$$

式中：d_w——平台上的水深(m)，当平台在静水位以上时取负值，在静水位以下时取正值；

$R_{2\%}$——累计率为2%的波浪爬高，式(F.0.2-11)中 γ_b 取1。

5）复坡平均坡角 α（图F.0.2-3）可按下式计算：

$$\tan\alpha=(1.5H_s+R_{2\%})/(L_s-B) \qquad (F.0.2\text{-}13)$$

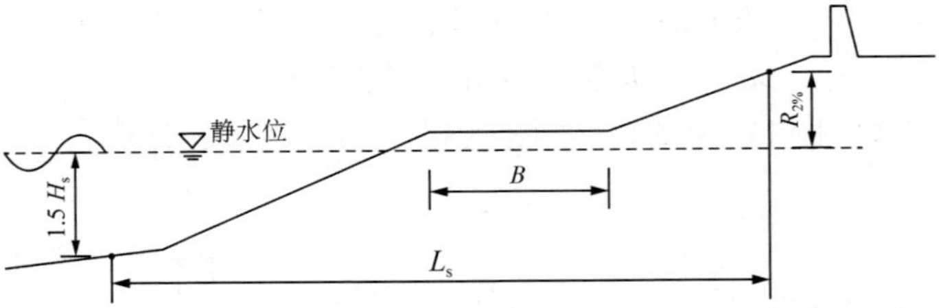

图F.0.2-3 复坡平均角度计算示意图

按式(F.0.2-13)计算复坡平均角 α 时，应采用迭代方法，$R_{2\%}$ 按式(F.0.2-11)计算；初始计算时，假设式中 $R_{2\%}$ 值为 $1.5H_s$。

2 美国海岸工程手册复坡越浪量计算（图F.0.2-4）公式见下式：

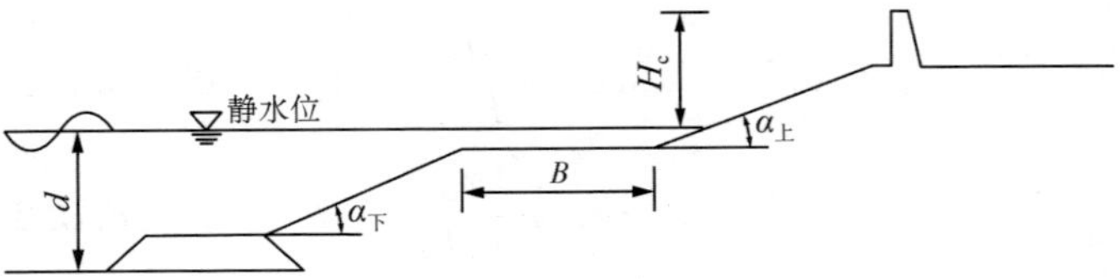

图F.0.2-4 带有平台的复式斜坡堤

$\xi_p \leqslant 2$ 时：

$$\frac{q}{\sqrt{gH_s^3}}=0.06\frac{\xi_p}{\sqrt{\tan\alpha}}\exp\left(-5.2\frac{H_c}{H_s}\cdot\frac{1}{\xi_p}\cdot\frac{1}{\gamma_f\gamma_b\gamma_h\gamma_\beta}\right)$$

(F.0.2-14)

式(F.0.2-14)的适用条件为：$0.3<\frac{H_c}{H_s}\cdot\frac{1}{\xi_p}\cdot\frac{1}{\gamma_f\gamma_b\gamma_h\gamma_\beta}<2$

$\xi_p>2$ 时：

$$\frac{q}{\sqrt{gH_s^3}}=0.2\exp\left(-2.6\frac{H_c}{H_s}\cdot\frac{1}{\gamma_f\gamma_b\gamma_h\gamma_\beta}\right)$$

(F.0.2-15)

式(F.0.2-14)和式(F.0.2-15)中 $\gamma_f\cdot\gamma_b\cdot\gamma_h\cdot\gamma_\beta$ 值不应小于0.5。

式中：q——越浪量，即单位时间单位堤宽的越浪水体体积[$m^3/(s\cdot m)$]；

H_s——有效波高(m)；

T_P——谱峰周期(s)，$T_P=1.33\bar{T}$；

H_c——堤顶在静水面以上的高度，有防浪墙时为到防浪墙顶高度(m)；

ξ_P——破波参数；

$\alpha_上$、$\alpha_下$——上坡和下坡坡角(°)；

$\bar{\alpha}$——复坡平均坡角(°)；

γ_b——平台影响系数；

γ_f——糙渗影响系数，可查本标准表E.0.1-1；

γ_β——波浪斜向入射影响系数；

γ_h——堤前浅水影响系数。

1) 破波参数 ξ_P 可按下式计算：

$$\xi_p=\frac{\tan\bar{\alpha}}{\sqrt{s_{op}}},\ s_{op}=\frac{2\pi H_s}{gT_P^2}\qquad(F.0.2-16)$$

2）波浪斜向入射影响系数 γ_β 可按下式计算：

$$\gamma_\beta = 1 - 0.0033\,|\,\beta\,|\ \text{短峰波} \qquad (\text{F.0.2-17})$$

$$\gamma_\beta = \begin{cases} 1.0 & 0^\circ \leqslant \beta \leqslant 10^\circ \\ \cos^2(\beta - 10^\circ) & 10^\circ < \beta \leqslant 50^\circ\ \text{长峰波(涌浪)} \\ 0.6 & \beta > 50^\circ \end{cases} \qquad (\text{F.0.2-18})$$

式中：β 为入射角（°），正向入射时 $\beta = 0$。

3）平台影响系数 γ_b（图 F.0.2-5）可按下式计算：

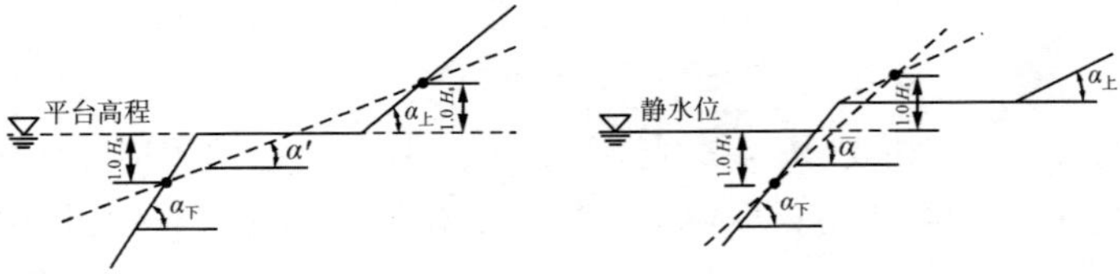

图 F.0.2-5　等效坡度 α' 和平均坡度 $\bar{\alpha}$ 计算示意图

$$\gamma_b = 1 - \gamma_B(1 - \gamma_{db}) \quad 0.6 \leqslant \gamma_b \leqslant 1.0 \quad (\text{F.0.2-19})$$

$$\gamma_B = 1 - \frac{\tan\alpha'}{\tan\bar{\alpha}} \qquad (\text{F.0.2-20})$$

$$\gamma_{db} = 0.5\left(\frac{d_w}{H_s}\right)^2 \quad 0 \leqslant \gamma_{db} \leqslant 1.0 \qquad (\text{F.0.2-21})$$

式中：α'、$\bar{\alpha}$ 分别为等效坡度和平均坡度，计算如图 F.0.2-5 所示。

4）堤前浅水系数 γ_h 可按下式计算：

$$\gamma_h = \frac{H_{2\%}}{1.4H_s} \qquad (\text{F.0.2-22})$$

式中：$H_{2\%}/H_s$ 可根据堤前波高与水深比差查表 F.0.2。

表 F.0.2 不同相对水深时 $H_{2\%}/H_s$

H/d	0	0.1	0.2	0.3	0.4	0.5
$H_{2\%}/H_s$	1.39	1.34	1.30	1.26	1.22	1.17

注：1. H 为堤前平均波高(m)。
2. d 为堤前水深(m)。

附录 G　波浪作用力计算

G.1　直立堤

G.1.1　当 $\bar{T}\sqrt{g/d}<8$，$d<2H$，$i\leqslant 1/10$ 或 $\bar{T}\sqrt{g/d}\geqslant 8$，$d<1.8$，$i\leqslant 1/10$ 时，直立式海塘护面上波浪作用力可按下列规定确定：

1　本条中的波高 H 均是指 H_F，频率 F 的取值应按本标准表 4.2.4 确定。

2　波峰作用下的波浪力(图 G.1.1-1)可按以下规定计算：

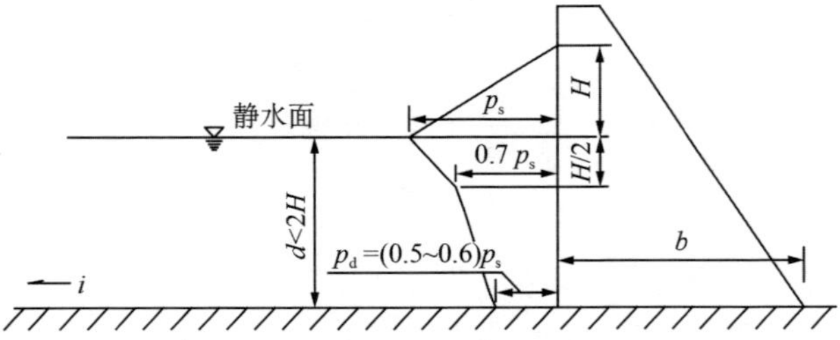

图 G.1.1-1　波压力分布

1）静水面以上高度 H 处的波浪压力强度为 0。

2）静水面处的波浪压力强度应按下式计算：

$$p_s=\gamma K_1K_2H \tag{G.1.1-1}$$

3）静水面以上的波浪压力强度应按直线变化。

4）静水面以下深度 $z=H/2$ 处的波浪压力强度应按下式计算：

$$p_z=0.7p_s \tag{G.1.1-2}$$

5）水底处波浪压力强度应按下列公式计算：

$$p_d = 0.6 p_s (d/H \leqslant 1.7) \qquad (G.1.1\text{-}3)$$

$$p_d = 0.5 p_s (d/H > 1.7) \qquad (G.1.1\text{-}4)$$

6）墙底面上的波浪浮托力可按下式计算：

$$P_u = \mu \frac{B p_d}{2} \qquad (G.1.1\text{-}5)$$

式中：p_s——静水面处波浪压力强度（kPa）；

γ——水的重度（kN/m^3）；

K_1——水底坡度 i 的函数，应按表 G.1.1-1 确定；

K_2——波坦 L/H 的函数，应按表 G.1.1-2 确定；

H——建筑物所在处进行波波高（m）；

p_z——静水面以下深度 $z=H/2$ 处的波浪压力强度（kPa）；

d——堤前水深（m）；

L——波长（m）；

p_d——水底处波压力强度（kPa）；

P_u——单位长度墙底面上的波浪浮托力（kN/m）；

μ——波浪浮托力分布图的折减系数，取 0.7；

B——直立堤底宽（m），有趾时包括趾宽。

表 G.1.1-1　系数 K_1

底坡 i	1/10	1/25	1/40	1/50	1/60	1/80	≤1/100
K_1	1.89	1.54	1.40	1.37	1.33	1.29	1.25

注：底坡 i 可取建筑物前一定距离内的平均值。

表 G.1.1-2　系数 K_2

波坦 L/H	14	15	16	17	18	19	20	21	22
K_2	1.01	1.06	1.12	1.17	1.21	1.26	1.30	1.34	1.37
波坦 L/H	23	24	25	26	27	28	29	30	—
K_2	1.41	1.44	1.46	1.49	1.50	1.52	1.54	1.55	—

3 波谷作用下的波浪力(图 G. 1. 1-2)可按下列方法计算：

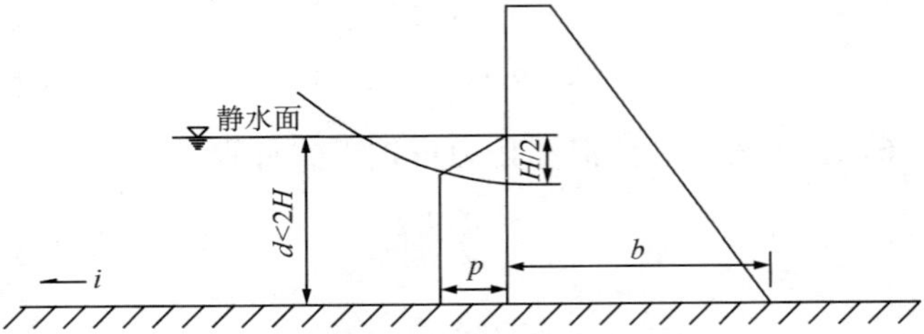

图 G. 1. 1-2 波谷时的波压力分布

1）静水面处波浪压力强度为 0。

2）在静水面以下，从深度 $z=H/2$ 至水底处的波浪压力强度应按下式计算：

$$p=0.5\gamma H \tag{G. 1. 1-6}$$

G. 1. 2 对于堤前水深 $d\geqslant 2H_F$ 的直立式海塘，波浪力可按现行行业标准《港口与航道水文规范》JTS 145 的有关规定计算。

G. 2 斜坡堤

G. 2. 1 对于斜坡式海塘，当护面层采用混凝土板时，护面板的稳定应取决于上、下两面波浪力与浮力的作用。

G. 2. 2 在 $1\leqslant m\leqslant 5.0$ 的条件下，作用在整体或装配式平板护面上的波压力应按图 G. 2. 2 分布，最大波压力 p_2(kPa)应按下列公式计算：

$$p_2=k_1k_2p_a\gamma H \tag{G. 2. 2-1}$$

$$k_1=0.85+4.8\frac{H}{L}+m\left(0.028-1.15\frac{H}{L}\right) \tag{G. 2. 2-2}$$

式中：γ——水的容重(kN/m^3)；

k_2——系数,可按表 G.2.2-1 确定;

p_a——斜坡上点 2 的最大相对波压力(kPa),如图 G.2.2 所示,可按表 G.2.2-2 确定;

H——波高(m),本条中均指 $H_{1\%}$。

表 G.2.2-1　系数 k_2

波坦 L/H	10	15	20	25	35
k_2	1.00	1.15	1.30	1.35	1.48

表 G.2.2-2　斜坡上最大相对波压力 p_a

H(m)	0.5	1.0	1.5	2.0	2.5	3.0	3.5	≥4.0
p_a	3.7	2.8	2.3	2.1	1.9	1.8	1.75	1.7

最大波压力 p_2 作用点 2 的垂直坐标 Z_2(m)应按式(G.2.2-3)确定:

$$Z_2 = A + \frac{1}{m^2}(1 - \sqrt{2m^2 + 1})(A + B) \quad (G.2.2\text{-}3)$$

式中:B——沿坡方向(垂直于水边线)的护面板长度。系数 A 和护面板长度 B(m)应分别按式(G.2.2-4)和式(G.2.2-5)计算:

$$A = H\left(0.47 + 0.023\frac{L}{H}\right)\frac{1 + m^2}{m^2} \quad (G.2.2\text{-}4)$$

$$B = H\left[0.95 - (0.84m - 0.25)\frac{H}{L}\right] \quad (G.2.2\text{-}5)$$

图 G.2.2 中 Z_3(m)即为波浪在斜坡上的爬高,是压力零点。斜坡上点 2 上、下各压力转折点离点 2 的距离以及各点的波压力 p,可由下述规定确定:

$l_1 = 0.0125 l_a$ 与 $l_3 = 0.0265 l_a$ 处,$p = 0.4p_2$;

$l_2 = 0.0325 l_a$ 与 $l_4 = 0.0675 l_a$ 处,$p = 0.1p_2$。

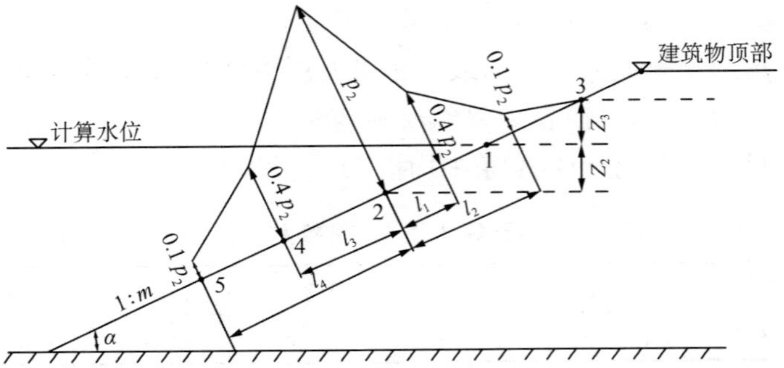

图 G.2.2　斜坡护面平板的波压力分布

其中，l_a 可由式（G.2.2-6）确定：

$$l_a = \frac{mL}{\sqrt[4]{m^2 - 1}} \tag{G.2.2-6}$$

G.2.3　当防浪墙前没有掩护棱体时，作用于如图 G.2.3-1 所示的斜坡式海塘顶部防浪墙上的波浪力，当无因次参数 $\xi \leqslant \xi_b$ 时，可按下列规定计算：

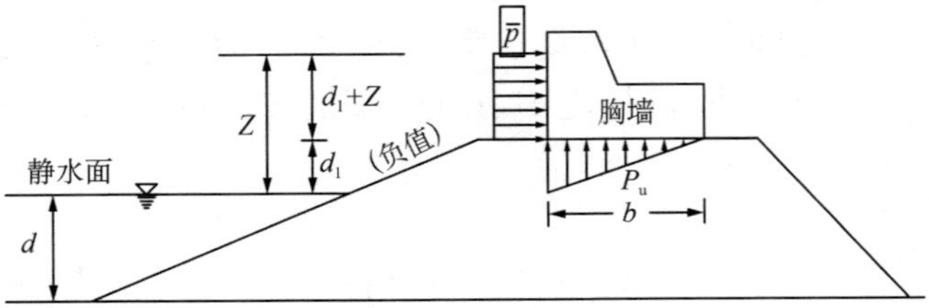

图 G.2.3-1　防浪墙波压力

1）本条中的波高 H 均是指 H_F，频率 F 的取值应按本标准表 4.2.4 确定。

2）波峰作用时防浪墙上平均压力强度应按下式计算：

$$\bar{p} = 0.24\gamma H K_P \tag{G.2.3-1}$$

式中：$\bar{p}$——平均压力强度（kPa）；

K_P——与无因次参数 ξ 和波坦 L/H 有关的平均压强系数，可按图 G. 2. 3-2 确定。

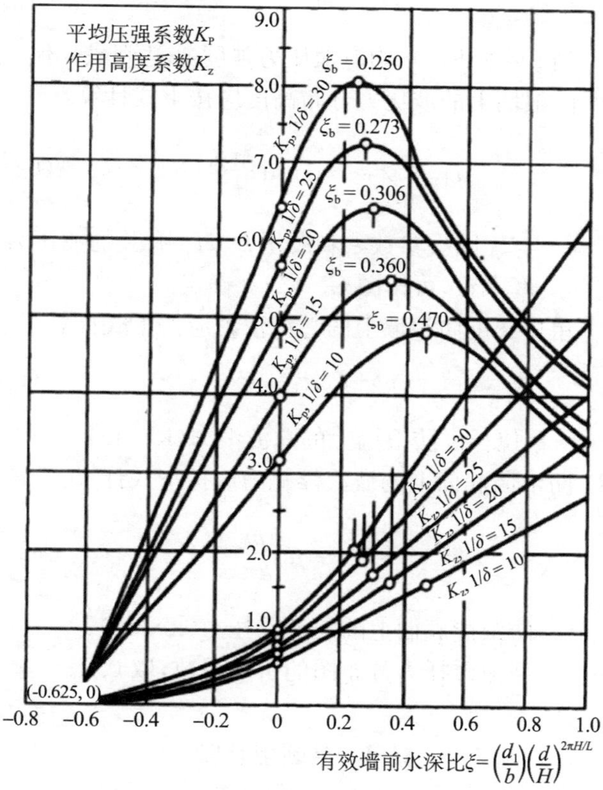

图 G. 2. 3-2　不同波坦情况下 K_p-ξ、K_z-ξ 曲线

3）无因次参数 ξ 应按下式计算：

$$\xi=\left(\frac{d_1}{d}\right)\left(\frac{d}{H}\right)^{2\pi h/L} \tag{G. 2. 3-2}$$

式中：d_1——防浪墙前水深(m)，当静水面在墙底面以下时 d_1 为负值。

4）无因次参数 ξ_b 应按下式计算：

$$\xi_b = 3.29\left(\frac{H}{L} + 0.043\right) \qquad (G.2.3\text{-}3)$$

5）当 $\xi = \xi_b$ 时，平均波浪压力强度 p 达到最大值。

6）防浪墙上的波压力分布高度应按下式计算：

$$d_1 + Z = H\tanh\left(\frac{2\pi d}{L}\right)K_z \qquad (G.2.3\text{-}4)$$

式中：K_z——与无因次参数 ξ 和波坦 L/H_F 有关的波压力作用高度系数，可按图 G.2.2-3 确定。

7）单位长度防浪墙上的总波浪力应按下式计算：

$$p = \bar{p}(d_1 + Z) \qquad (G.2.3\text{-}5)$$

式中：p——单位长度防浪墙上的总波浪力（kN/m）。

8）防浪墙底面上的波浪浮托力应按下式计算：

$$P_u = \mu\frac{b\bar{p}}{2} \qquad (G.2.3\text{-}6)$$

式中：P_u——防浪墙底面上的波浪浮托力（kN/m）；

μ——波浪浮托力分布图的折减系数，取 0.7。

G.3 半圆型潜堤

G.3.1 当半圆型潜堤的堤顶高程高于计算水位时，波峰作用下的波浪力可按修正的合田（GOTA）公式确定：

1 波浪力可先按与半圆型潜堤相同水深、相同基床高度和相同堤顶高程的直立堤计算，再进行相位修正和角度修正。

1）当波峰作用时，直立堤上的波压力分布图形如图 G.3.1-1 所示，其中直立堤上的波压力图形零点在静水面以上的高度、直立堤上静水面处的波压力强度以及直立堤底面处的波压力强度按下列公式计算：

$$\eta = 0.75(1+\cos\beta)H \tag{G.3.1-1}$$

$$P_s = 0.5(1+\cos\beta)\alpha_s\gamma H \tag{G.3.1-2}$$

$$p_b = p_u = \alpha_b p_s \tag{G.3.1-3}$$

式中：η——波浪压力图形零点在静水面以上的高度(m)；

H——设计波高(m)；

P_s——静水面处的波浪压力强度(kPa)；

γ——海水重度(kN/m^3)；

p_b——直立堤底面处的波浪压力强度(kPa)；

p_u——直立堤底面海侧的波浪浮托力强度(kPa)；

β——波向与潜堤轴线法向之间的夹角(°)；

α_s、α_b——计算系数，可按下列公式计算：

$$\alpha_s = 0.6 + \frac{1}{2}\left[\frac{4\pi d/L}{\sinh(4\pi d/L)}\right]^2 \tag{G.3.1-4}$$

$$\alpha_b = 1 - \frac{d'}{d}\left[1 - \frac{1}{\cosh(2\pi d/L)}\right] \tag{G.3.1-5}$$

式中：L——设计波长(m)；

d——堤前水深(m)；

d'——直立堤底面以上的水深(m)。

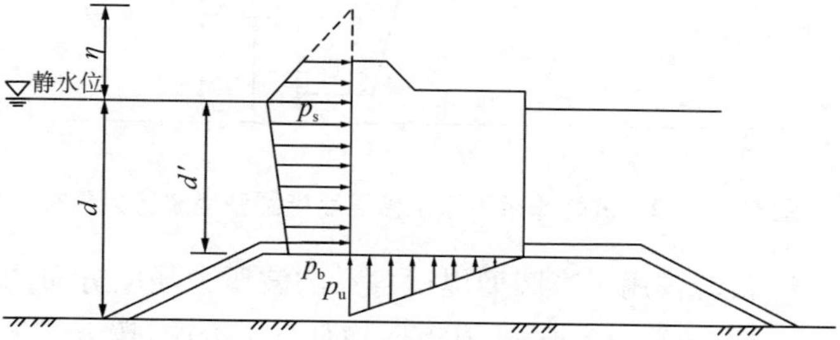

图 G.3.1-1　波峰作用下直立堤波压力分布

2）波峰作用于半圆型堤面上的波压力分布如图 G. 3. 1-2 所示，按下列公式进行相位修正：

$$\eta' = \eta \tag{G. 3. 1-6}$$

$$p'_{s} = p_{s} \tag{G. 3. 1-7}$$

$$p'_{b} = \lambda_{p} p_{b} \tag{G. 3. 1-8}$$

$$\lambda_{p} = \cos^{4}\left(\frac{2\pi\Delta l}{L}\right) \tag{G. 3. 1-9}$$

式中：η'——半圆型堤上的波压力图形零点在静水面以上的高度（m）；

p'_{s}——半圆型堤上的静水面处的波压力强度（kPa）；

p'_{b}——半圆型构件底面处的波压力强度（kPa）；

λ_{p}——相位修正系数；

Δl——在半圆型堤面上 p'_{s} 与 p'_{b} 作用点间的水平距离（m）；

$p'(z)$——修正后的堤面波压力强度（kPa），z 为自半圆型构件底面起算的垂直高度，由 p'_{s} 和 p'_{b} 经内插求得。

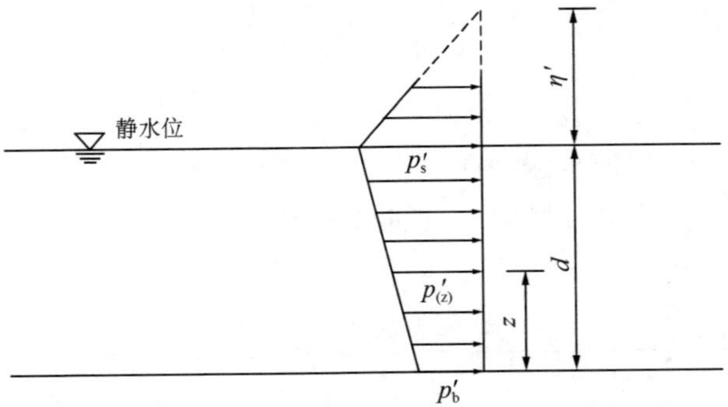

图 G. 3. 1-2　波峰作用下相位修正后半圆型堤波压力分布

3）波峰作用于半圆型堤面各点的波压力强度分布图形如图 G. 3. 1-3 所示，其方向均垂直于堤面，按下式进行角度修正：

$$p(\theta)=p'(Z)\cos(\theta) \qquad (G.3.1\text{-}10)$$

式中：θ——波压作用点的圆心角(°)。

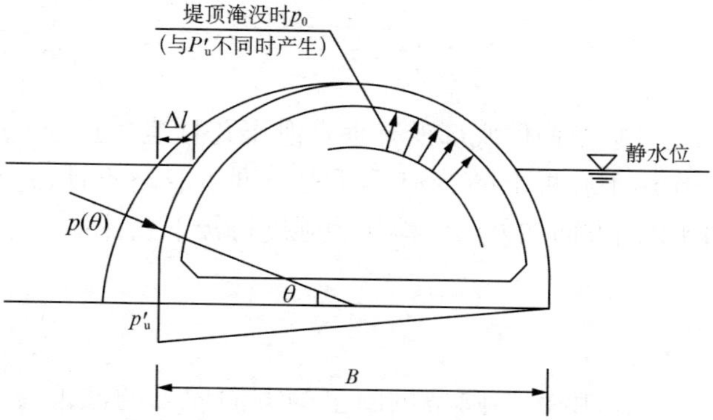

图 G. 3. 1-3　波峰作用下角度修正后半圆型堤面波压力分布

2　作用于半圆型构件的底板上的波浪浮托力强度和波浪浮托力，可分别按式(G. 3. 1-11)和式(G. 3. 1-12)计算。

$$p'_u=p'_b \qquad (G.3.1\text{-}11)$$

$$P_u=\frac{p'_uB}{2} \qquad (G.3.1\text{-}12)$$

式中：p'_u——半圆型构件底面外边缘的波浪浮托力强度(kPa)；

p'_b——半圆型构件底面处的波压力强度(kPa)；

P_u——半圆型构件底面的波浪浮托力(kN/m)；

B——半圆型构件的底宽(m)。

G. 3. 2　当半圆型潜堤的堤顶高程位于或低于静水位且半圆型构件的外半径与波长之比不大于 0. 85 时，波峰作用下的波浪力可按谢世楞修正公式确定：

1　波峰作用下的波浪力仍可先按与半圆型堤相同水深、相同基床高度和相同堤顶高程的直立堤按式(G. 3. 1-1)～式(G. 3. 1-5)计算，再按下列公式进行相位修正和角度修正：

$$\eta' = \eta \tag{G.3.2-1}$$

$$p'_{s} = p_{s} \tag{G.3.2-2}$$

$$p'_{b} = \lambda_{p} p_{b} \tag{G.3.2-3}$$

$$\lambda'_{p} = \cos\left[\frac{2\pi(\Delta l)'}{L}\right] \tag{G.3.2-4}$$

2 当半圆型构件底部设有垂直泄压孔且泄压孔的开孔率≥10%时，作用于底板上的波浪浮托力强度可忽略不计；作用在半圆型拱圈里侧方向向外的波浪压力强度可按下式计算：

$$p_{0} = \frac{p'_{b}}{2} \tag{G.3.2-5}$$

式中：p_{0}——作用在半圆型拱圈里侧方向向外的波浪压力强度（kPa）；

p'_{b}——半圆型构件底面处的波压力强度（kPa）。

附录H　促淤强度估算经验公式

H.0.1　假定当年回淤强度与去年回淤强度的比值同去年平均水深与前年平均水深的比值成正比关系，多年淤积强度预报公式如下：

1　第1年回淤强度预报公式：

$$P = n\Delta z = \frac{\alpha n k_0 H S_*}{\gamma_c}\left[1 - \left(\frac{u_2}{u_1}\right)^{2m}\right] \quad (H.0.1\text{-}1)$$

式中：P——工程后淤积强度(m)；

n——年中潮数；

α——泥沙沉降概率，与泥沙粒径和流速有关；

k_0——常数，$k_0 \leqslant 1$；

H——工程前全潮平均水深(m)；

S_*——工程前水流挟沙能力(kg/m^3)，其表示式可写为 $S_* = k\left(\frac{U^2}{gH}\right)^m$，其中，$k$、$m$ 是水流及泥沙条件的函数，由当地实测资料确定；

γ_c——泥沙干容重(kg/m^3)，缺乏实测资料时可采用 $\gamma_c = 1\,750(d_{50})^{0.183}$ 进行计算；

u_1、u_2——工程前后平均流速(m/s)。

2　多年回淤强度预报公式：

$$P_{i+1} = KP_i \frac{H_i}{H_{i-1}} \quad (H.0.1\text{-}2)$$

式中：P_i——当年的回淤强度(m)；

H_i——当年的全潮平均水深(m)，$H_i = H_{i-1} - P_i$；

H_{i-1}——去年的全潮平均水深(m);

P_{i+1}——来年的回淤强度(m);

K——比例系数,一般可取1.0。

H.0.2 基于河口河相关系式的淤泥质潮汐河口促淤工程淤积效果预报公式如下:

$$P_{总}=\sum P_i=\left[1-\left(\frac{S_1}{S_2}\right)^{1/3}\left(\frac{q_2}{q_1}\right)^{2/3}\right]H_1 \qquad (H.0.2-1)$$

$$P_i=K_iP_{总} \qquad (H.0.2-2)$$

式中:$P_{总}$——促淤期内总的淤积厚度(m);

P_i——第i时段的淤积厚度(m);

S_1、S_2——工程前后的含沙量(kg/m^3);

q_1、q_2——工程前后的单宽潮量(m^2/s);

H_1——工程前平均潮位下的水深(m);

K_i——第i时段的回淤占比系数,取值应根据当地实测资料反演得到,且$\sum K_i=1$。

附录J　护坡护脚计算

J.0.1　在波浪作用下，斜坡堤砌块石护坡的护面厚度 t(m)，当斜坡坡度 $m=1.5\sim5.0$ 时，可按下式计算：

$$t=K_1\cdot\frac{\gamma}{\gamma_b-\gamma}\cdot\frac{H}{\sqrt{m}}\cdot\sqrt[3]{\frac{L}{H}} \tag{J.0.1}$$

式中：K_1——系数，对砌方石、条石取0.225；

γ_b——块石的重度(kN/m^3)；

γ——水的容重(kN/m^3)；

H——计算波高(m)，当 $d/L\geqslant0.125$ 时取 $H_{4\%}$，当 $d/L<0.125$ 时取 $H_{13\%}$；

L——波长(m)；

m——斜坡坡比，$m=\cot\alpha$；

α——斜坡坡角(°)。

J.0.2　设置排水孔的浆砌石的护面层厚度可按式(J.0.1)计算。

J.0.3　混凝土护坡计算应符合下列规定：

1　对具有明缝的混凝土或钢筋混凝土板护坡，当斜坡坡比 $m=2\sim5$ 时，满足稳定所需的面板厚度可按下式确定：

$$t=0.07\eta H\sqrt[3]{\frac{L}{B}}\ \frac{\rho_w}{\rho_c-\rho_w}\frac{\sqrt{m^2+1}}{m} \tag{J.0.3}$$

式中：t——混凝土护面板厚度(m)；

η——系数，对整体式大块护面板取 $\eta=1.0$，对转配式护面板取 $\eta=1.1$；

H——计算波高(m)，取 $H_{1\%}$；

ρ_c——板的密度（t/m³）；

ρ_w——水的密度（t/m³）；

L——波长（m）；

B——沿坡方向（垂直于水边线）的护面板长度（m）；

m——斜坡坡比，$m = \cot\alpha$；

α——斜坡坡角（°）。

2 混凝土板强度计算应符合下列要求：

1）作用在板上的力应有板上的波浪压力和板自重。波浪压力计算应按本标准附录 G. 2 执行。板的自重为均布荷载：$G_w = t\gamma_c\cos\alpha$ [γ_c 为板的容重（kN/m³）]。

2）作用在板上的荷载简图（图 J. 0. 3），应将上述荷载组合起来，用弹性地基上梁板的计算方法，确定板的厚度、应力和配筋。

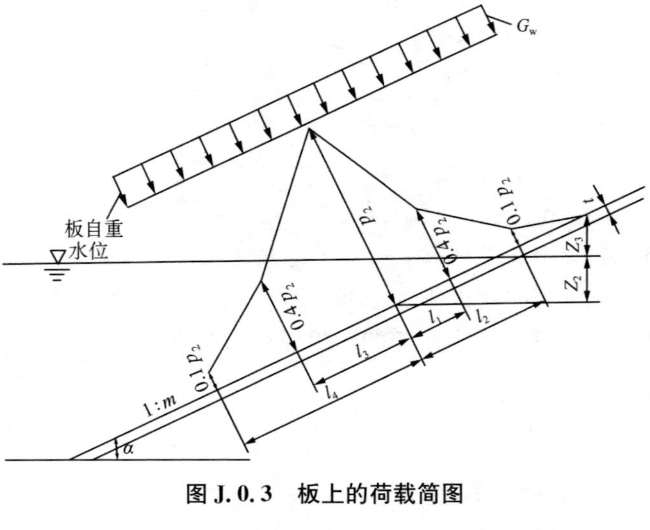

图 J. 0. 3　板上的荷载简图

J. 0. 4 采用栅栏板作为斜坡堤护坡面层的计算应按下列规定进行：

1 栅栏板的平面尺寸宜采用长方形，结构布置见图 J. 0. 4，长、短边比值可取 1.25，调整平面尺寸时，比值不变，宽度每增加或减少 1 m，厚度 t 可相应减少或增加 50 mm。δ 的最小构造尺寸应为 100 mm。栅栏板的平面尺寸与设计波高关系可按式(J.0.4-1)与式(J.0.4-2)计算。当栅栏板的空隙率 $P'=37\%$ 时，细部尺寸可按式(J.0.4-3)～式(J.0.4-7)计算。

$$a_0=1.25H \tag{J.0.4-1}$$

$$b_0=1.0H \tag{J.0.4-2}$$

式中：a_0——栅栏板长边，沿斜坡方向布置(m)；

b_0——栅栏板短边，沿堤轴线方向布置(m)；

H——设计波高(m)，取 $H_{13\%}$。

$$a_1=\frac{a_0}{15}-\frac{t}{16} \tag{J.0.4-3}$$

$$a_2=\frac{a_0}{15}+\frac{t}{16} \tag{J.0.4-4}$$

$$a_3=\frac{a_0}{15}-\frac{t}{8} \tag{J.0.4-5}$$

$$a_4=\frac{a_0}{15}+\frac{t}{8} \tag{J.0.4-6}$$

$$b_1=0.1b_0 \tag{J.0.4-7}$$

式中：a_1、a_2、a_3、a_4、b_1——栅栏板细部尺寸(m)；

t——栅栏板的厚度(m)。

2 当斜坡堤的坡度系数 $m=1.5$～2.5 时，栅栏板的厚度可按式(J.0.4-8)计算。作用于栅栏板面上的最大正向波压强度设计值 P_M(kPa)可按(J.0.4-9)计算。

$$t=0.235\frac{\gamma}{\gamma_b-\gamma}\frac{0.61+0.13\frac{d}{H}}{m^{0.27}}H \tag{J.0.4-8}$$

$$P_M=0.85\gamma H \tag{J.0.4-9}$$

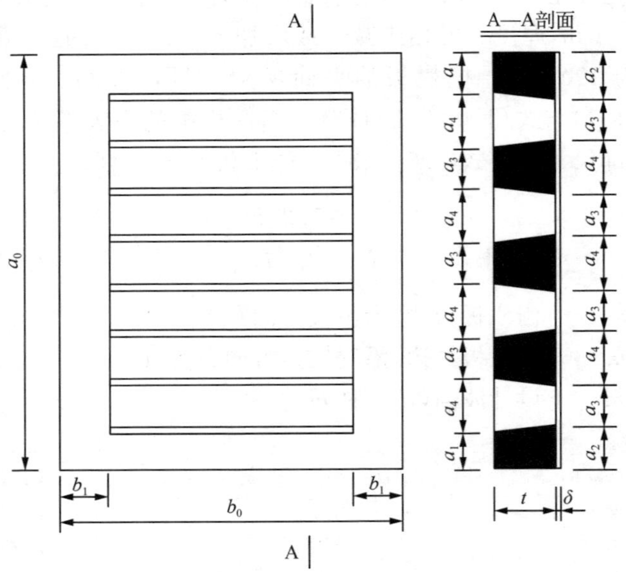

图 J.0.4 栅栏板结构

J.0.5 采用预制混凝土异型块体或经分选的块石作为斜坡堤护坡面层的计算可按下列规定进行：

1 波浪作用下单个预制混凝土异型块体、块石的稳定质量可按下式计算：

$$Q = 0.1\frac{\gamma_b H^3}{K_D\left(\frac{\gamma_b}{\gamma}-1\right)^3 m} \qquad (J.0.5\text{-}1)$$

式中：Q——主要护面层单个护面块体、块石个体质量，当护面由两层块石组成，则块石质量可在(0.75～1.25)Q 范围内，但应有 50%以上的块石质量大于 Q；

γ_b——预制混凝土异型块体或块石的重度(kN/m^3)；

γ——水的重度(kN/m^3)；

H——设计波高(m),当平均波高与水深比值 $\bar{H}/d < 0.3$ 时宜取 $H_{5\%}$,当 $\bar{H}/d \geqslant 0.3$ 时宜取 $H_{13\%}$;

K_D——稳定系数,可按表 J.0.5-1 采用。

表 J.0.5-1　稳定系数 K_D

护面类型	构造型式	n(%)	K_D	备注
块石	抛填 2 层	1～2	4.0	—
块石	安放(立放)1 层	0～1	5.5	—
方块	抛填 2 层	1～2	5.0	—
四脚锥体	安放 2 层	0～1	8.5	—
四脚空心方块	安放 1 层	0	14.0	—
扭工块体	安放 2 层	0	18.0	$H \geqslant 7.5$ m
		1	24.0	$H < 7.5$ m
扭王块体	安放 1 层	0	18.0	—

注:1. n 为预制混凝土异型块体容许失稳率。
2. 当波高大于 4 m 时,不宜选用四脚空心方块护面。

2　预制混凝土异型块体、块石护面层厚度可按下式计算:

$$t = nc\left(\frac{Q}{0.1\gamma_b}\right)^{\frac{1}{3}} \tag{J.0.5-2}$$

式中:t——块体或块石护面层厚度(m);

n——护面块体或块石的层数;

c——系数,可按表 J.0.5-2 采用。

表 J.0.5-2　系数 c 和护面块体空隙率 P'

护面类型	构造型式	c	P'(%)	备注
块石	抛填 2 层	1.0	40	—
	安放(立放)1 层	1.3～1.4	—	—
四脚锥体	安放 2 层	1.0	50	—

续表J. 0. 5-2

护面类型	构造型式	c	P'(%)	备注
扭工字块体	安放2层	1.2	60	随机安放
		1.0	60	规则安放
扭王字块体	安放1层	1.3	50	随机安放
		1.3	40	规则安放

3 预制混凝土异型块体个数可按式(J. 0. 5-3)计算。

$$N = Anc(1-P')\left(\frac{0.1\gamma_b}{Q}\right)^{2/3} \tag{J.0.5-3}$$

式中：N——预制混凝土异型块体个数；

A——垂直于厚度的护面层平均面积；

P'——护面层的空隙率(%)，可按表J. 0. 5-2确定。

4 预制混凝土异型块体混凝土量可按式(J. 0. 5-4)确定。

$$V = N\frac{Q}{0.1\gamma_b} \tag{J.0.5-4}$$

式中：V——预制混凝土异型块体混凝土量(m^3)。

J. 0. 6 护底块石的稳定重量可根据堤前最大波浪底流速按表J. 0. 6确定。

表 J. 0. 6 堤前护面底块石的稳定重量

底流速 V_{max}(m/s)	块石重量(kg)	底流速 V_{max}(m/s)	块石重量(kg)
2.0	60	4.0	400
3.0	150	5.0	800

1 斜坡堤前最大波浪底流速可按下式计算：

$$V_{max} = \frac{\pi H}{\sqrt{\frac{\pi L}{g}\sinh\frac{4\pi d}{L}}} \tag{J.0.6-1}$$

式中：H——累积频率为13%的波高(m)；

L——设计波长(m)；

d——堤前水深(m)。

2 陡墙式海塘堤前最大波浪底流速可按下列方法计算：

1）墙前波态为远破波 $\bar{T}\sqrt{g/d}<8$，$d<2H$，$i\leqslant 1/10$ 或 $\bar{T}\sqrt{g/d}\geqslant 8$，$d<1.8H$，$i\leqslant 1/10$ 时：

$$V_{\max}=0.33\sqrt{g(H+d)} \qquad (\text{J.0.6-2})$$

式中：$\bar{T}$——波浪平均周期(s)；

i——水底坡度；

H——累积频率为5%的波高(m)。

2）堤前波态为 $0.6\leqslant d_1\leqslant 1.8H$ 且 $\frac{1}{3}<\frac{d}{d_1}\leqslant\frac{2}{3}$ 或 $0.6\leqslant d_1\leqslant 1.5H$ 且 $\frac{d}{d_1}\leqslant\frac{1}{3}$ 时，最大波浪底流速可按式(J.0.6-1)计算，式中 H 采用 $H_{5\%}$，d_1 为镇压平台上的水深。

J.0.7 波浪作用下，斜坡堤螺母块体的护面厚度 t(m)，可按下式计算：

$$t=\frac{K\cdot K_{\mathrm{r}}\cdot H}{(1-p)\cdot K_{\mathrm{a}}} \qquad (\text{J.0.7-1})$$

$$K_{\mathrm{r}}=\frac{\gamma}{\gamma_{\mathrm{b}}-\gamma} \qquad (\text{J.0.7-2})$$

$$K_{\mathrm{a}}=\frac{(m+f\cdot K')}{\sqrt{1+m^2}} \qquad (\text{J.0.7-3})$$

式中：t——螺母块体护面层厚度(m)；

K——系数，取0.15～0.20；

γ——水的容重(kN/m^3)；

γ_b——螺母块体的容重（kN/m^3）；

m——斜坡坡比；

f——摩擦系数，取 0.75～0.80；

K'——与螺母块体摆放方式相关的系数，当块体的尖角朝坡面下方摆放时 K'取$\sqrt{3}$，当块体的边朝坡面下方摆放时 K'取 1.0。

附录K 软体排计算

K.0.1 软体排纵向和横向抗拉强度应满足施工期和使用期要求。软体排抗拉安全系数可按下式计算：

$$K_{sm}=\frac{\sum T_{sm}}{\sum F_{sm}} \tag{K.0.1}$$

式中：K_{sm}——软体排纵向或横向抗拉安全系数，宜取3；当考虑长期作用及蠕变时，可取4；当有经验时，可适当减小。

$\sum T_{sm}$——加筋带和排布的纵向或横向极限抗拉强度(kN/m)。

$\sum F_{sm}$——软体排纵向或横向承受的荷载(kN/m)。

K.0.2 软体排抗掀动稳定验算可按下列公式进行：

$$V\leqslant V_{cr} \tag{K.0.2-1}$$

$$V_{cr}=\theta\sqrt{\gamma'_{R}gt_{m}} \tag{K.0.2-2}$$

$$\gamma'_{R}=\frac{\gamma_{m}-\gamma_{w}}{\gamma_{w}} \tag{K.0.2-3}$$

式中：V——软体排边缘流速(m/s)；

V_{cr}——软体排边缘临界流速(m/s)；

θ——系数，分离压载软体排取2，系结软体排取2，砂被软体排取1.4；

γ'_{R}——软体排相对浮重度(kN/m^3)；

g——重力加速度(m/s^2)；

t_{m}——软体排等效厚度(m)；

γ_m——软体排重度(kN/m^3);

γ_w——水的重度(kN/m^3)。

K.0.3 软体排抗滑稳定验算可按下式进行:

$$K_m=\frac{(\gamma'_a t_m\cos\alpha-\Delta h\gamma_w)f_{sg}}{\gamma'_a t_m\sin\alpha} \tag{K.0.3}$$

式中:K_m——软体排抗滑稳定安全系数,取1.1~1.3;

γ'_a——软体排的浮重度(kN/m^3);

t_m——软体排等效厚度(m);

α——坡角(°);

Δh——软体排上下水头差(m);

γ_w——水的重度(kN/m^3);

f_{sg}——软体排与坡面的摩擦系数,用水下值,由试验确定。

K.0.4 风浪作用下软体排的稳定性由稳定系数 S_N 判别,可按下列公式进行计算:

$$S_N=\frac{H}{\gamma'_a t_m} \tag{K.0.4-1}$$

$$\gamma'_a=\frac{\gamma_a-\gamma_w}{\gamma_w} \tag{K.0.4-2}$$

式中:H——浪高(m);

γ_a——软体排重度(kN/m^3);

γ'_a——软体排的浮重度(kN/m^3);

t_m——软体排等效厚度(m);

γ_w——水的重度(kN/m^3)。

用各种护坡压载材料时,要求的 S_N 应满足:乱石及独立块体压载小于2;充砂压载小于5;联锁压载小于5.7;浆灌联锁排压载小于8。

K.0.5 软体排的护底范围应根据流场变化及其冲刷分析确定。堤脚外的护底余排长度宜采用下式确定:

$$L \leqslant K_P(\sqrt{1+m^2}h_p + B) \quad (K.0.5)$$

式中：L——软体排余排长度(m)；

K_P——安全系数，可取1.1～1.3，水流的区域取大值；

m——滩面冲刷稳定边坡坡度，可取2～4；

h_p——有护底时的最终冲刷深度(m)，与余排长度L有关，宜先通过试验确定其相关关系，再与式(K.0.5)联立求解；

B——堤脚外预留安全宽度(m)，根据堤身稳定需要预留。

附录 L　用作反滤的土工织物设计计算

L.0.1　用作反滤的土工织物应满足下列要求：

1　保土性：应防止被保护土流失，引起渗透变形。

2　透水性：应保证渗透水通畅排除。

3　防堵性：应保证不被淤堵失效。

L.0.2　为满足保土性，土工织物的等效孔径与土的特征粒径应符合下列关系：

$$O_{95} \leqslant n'd_{85} \quad \text{(L.0.2-1)}$$

式中：O_{95}——土工织物的等效孔径(mm)；

d_{85}——被保护土的特征粒径(mm)，即土中小于该粒径的土质量占总质量的 85%，采用试样中最小的 d_{85}；

n'——与被保护土的类型、级配、织物品种和状态有关的经验系数，应按表 L.0.2 确定。

表 L.0.2　系数 n'

<table>
<tr><th>被保护土细粒
($d\leqslant$0.075 mm)含量(%)</th><th colspan="2">土的不均匀系数或土工织物品种</th><th>n'值</th></tr>
<tr><td rowspan="3">≤50</td><td colspan="2">$C_{ue}\leqslant 2$, $C_{ue}\geqslant 8$</td><td>1</td></tr>
<tr><td colspan="2">$2<C_{ue}\leqslant 4$</td><td>$0.5C_{ue}$</td></tr>
<tr><td colspan="2">$4<C_{ue}<8$</td><td>$8/C_{ue}$</td></tr>
<tr><td rowspan="2">>50</td><td>有纺织物</td><td rowspan="2">$O_{95}\leqslant 0.3$ mm</td><td>1</td></tr>
<tr><td>无纺织物</td><td>1.8</td></tr>
</table>

注：预计所埋土工织物连同其下土粒可能移动时，n'值应采用 $0.5C_{ue}$。

土的不均匀系数 C_{ue}，可按下式计算：

$$C_{ue} = d_{60}/d_{10} \quad (L.0.2\text{-}2)$$

式中：d_{60}、d_{10}——土中小于各该粒径的土质量分别占总土质量的60%和10%。

L.0.3 土工织物反滤材料的透水性应符合下式要求：

$$k_g \geqslant A k_s \quad (L.0.3)$$

式中：k_g——土工织物的垂直渗透系数(cm/s)；

k_s——被保护土的渗透系数(cm/s)；

A——系数，按工程经验确定，不宜小于10，来水量大、水力梯度高时，应增大 A 值。

L.0.4 土工织物防堵性要求其孔径应符合下列条件：

1 被保护土级配良好、水力梯度低、流态稳定、修理费用小及不发生淤堵时：

$$O_{95} \geqslant 3d_{15} \quad (L.0.4\text{-}1)$$

式中：d_{15}——被保护土的特征粒径(mm)，即土中小于该粒径的土质量占总质量的15%。

2 被保护土易管涌、具有分散性、水力梯度高、流态复杂、修理费用大时：

1) 被保护土的渗透系数 $k_s \geqslant 10^{-5}$ cm/s 时：

$$GR \leqslant 3 \quad (L.0.4\text{-}2)$$

式中：GR——梯度比，试验方法应按有关规程进行。

2) 被保护土的渗透系数 $k_s < 10^{-5}$ cm/s 时，应以现场土料进行长期淤堵试验，观察其淤堵情况，试验方法应按有关标准进行。

附录 M　边坡内部稳定计算

M. 0. 1　当坡式护岸自身结构不紧密或埋置较深不易发生整体滑动时，应计算护坡内部稳定。通常，不稳定破坏发生在低潮位时。护坡体和堤坡是两种不同抗剪强度的结构，水位较低时，往往沿抗剪强度较低的接触面向下滑动，滑动计算简图见图 M. 0. 1。假定滑动面经过坡前水位和坡岸滑裂面的交点，全滑动面为 abc 折线。折点 b 以上护坡体产生滑动力，依靠下部护坡体的内部摩阻力平衡。

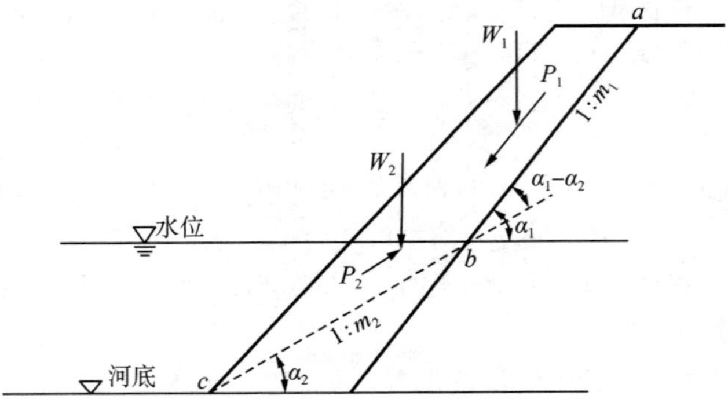

图 M. 0. 1　边坡内部滑动计算

M. 0. 2　维持极限平衡所需的护坡体内部摩擦系数 f_2 值可按下列公式计算：

$$Af_2^2 - Bf_2 + c = 0 \tag{M. 0. 2-1}$$

$$A = \frac{nm_1(m_2 - m_1)}{\sqrt{1+m_1^2}} \tag{M. 0. 2-2}$$

$$B=\frac{m_2W_2}{W_1}\sqrt{1+m_1^2}+\frac{m_2-m_1}{\sqrt{1+m_1^2}}+\frac{n(m_1^2m_2+m_1)}{\sqrt{1+m_1^2}}$$

（M. 0. 2-3）

$$C=\frac{W_2}{W_1}\sqrt{1+m_1^2}+\frac{1+m_1m_2}{\sqrt{1+m_1^2}} \tag{M. 0. 2-4}$$

$$n=\frac{f_1}{f_2} \tag{M. 0. 2-5}$$

式中：m_1——折点 b 以上护坡内坡的坡率；

m_2——折点 b 以下滑动面的坡率；

f_1——护坡和基土之间的摩擦系数；

f_2——护坡材料的内部摩擦系数。

M. 0. 3 块石护坡稳定安全系数可按下式计算：

$$k=\frac{\tan\varphi}{f_2} \tag{M. 0. 3}$$

式中：φ——护坡体内摩擦角。

附录 N　堤面排水设计计算

N. 0. 1　纵向排水沟的最小纵向坡降为 0.12%，并应从堤轴线上游开始，往下游放坡，以利水流快速顺利地排向竖向排水沟及周边排水沟，并引至堤脚。竖向排水沟每 100 m～300 m 设置 1 条。

N. 0. 2　堤顶表面排水的设计降雨量重现期可按 3 年一遇设计，堤坡坡面排水的设计降雨量重现期应按 10 年一遇设计，设计径流量应按下式计算：

$$Q = 16.67\psi qF \tag{N.0.2}$$

式中：Q——设计径流量（m^3/s）；

ψ——径流系数，可按表 N. 0. 2 确定，周边排水应根据不同的地表类型选取径流系数，按相应面积大小取加权平均值；

q——设计重现期和降雨历时内的平均降雨强度（mm/min）；

F——汇水面积（km^2）。

表 N. 0. 2　径流系数 ψ

地表种类	径流系数	地表种类	径流系数
水泥混凝土路面	0.9	陡峻的山地	0.75～0.9
砾料面	0.4～0.6	起伏的山地	0.6～0.8
粗粒土坡面	0.1～0.3	起伏的草地	0.4～0.65
细粒土坡面	0.4～0.65	落叶林地	0.35～0.6
硬质岩石坡面	0.7～0.85	针叶林地	0.25～0.5
软质岩坡面	0.5～0.75	—	—

N.0.3 排水沟泄水能力应按下列公式计算：

$$Q = vA \tag{N.0.3-1}$$

$$v = \frac{1}{n} R^{\frac{2}{3}} i^{\frac{1}{2}} \tag{N.0.3-2}$$

式中：Q——需排泄流量(m^3/s)；

v——排水沟内平均流速(m/s)；

A——排水沟过流面积(m^2)；

n——糙率；

i——排水沟纵向坡降；

R——水力半径(m)。

对梯形断面排水沟，水力半径宜按下式计算：

$$R = \frac{(b + mh)h}{b + 2h\sqrt{1 + m^2}} \tag{N.0.3-3}$$

式中：m——梯形断面斜坡的坡率；

b——梯形断面底宽(m)；

h——断面水深(m)。

对矩形断面排水沟，水力半径宜按下式计算：

$$R = \frac{bh}{b + 2h} \tag{N.0.3-4}$$

式中：b——矩形断面底宽(m)；

h——断面水深(m)。

对U形断面排水沟，水力半径宜按下式计算：

$$R = \frac{r}{2}\left[1 + \frac{2(h - r)}{\pi r + 2(h - r)}\right] \tag{N.0.3-5}$$

式中：r——U形断面圆弧段半径(m)；

h——断面水深(m)。

N.0.4 排水沟宜预留0.1 m～0.2 m超高值，在转弯半径较小的堤段，凹向侧超高宜适当增加。

附录P　抗滑稳定计算

P. 0. 1　海塘边坡抗滑稳定计算方法可采用瑞典圆弧滑动法（图P. 0. 1），分为总应力法和有效应力法。

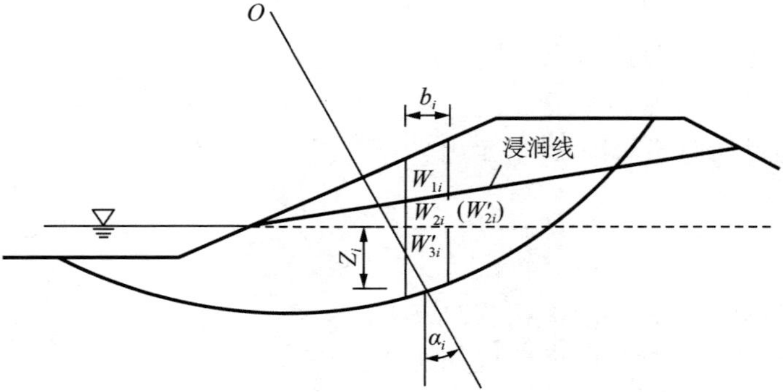

图P. 0. 1　瑞典圆弧滑动法示意图

1　总应力法应按下式计算：

$$K_s=\frac{\sum\left[(W_{1i}+W'_{2i}+W'_{3i})\cos\alpha_i\tan\varphi_i+C_ib_i\sec\alpha_i\right]}{\sum(W_{1i}+W_{2i}+W'_{3i})\sin\alpha_i}$$

（P. 0. 1-1）

2　有效应力法应按下式计算：

$$K_s=\frac{\sum\left\{\left[(W_{1i}+W_{2i}+W'_{3i})\cos\alpha_i-(u_i-\gamma_w Z_i)b_i\sec\alpha_i\right]\tan\varphi'_i+C'_ib_i\sec\alpha_i\right\}}{\sum(W_{1i}+W_{2i}+W'_{3i})\sin\alpha_i}$$

（P. 0. 1-2）

式中：K_s——抗滑稳定安全系数；

W_{1i}、W_{2i}、W'_{2i}、W'_{3i}——第 i 个土条浸润线以上的土体的天然重量、浸润线与外坡水位线之间的土体的饱和重量、浸润线与外坡水位线之间的土体的浮重量、外坡水位线以下的土体浮重量(kN)；

α_i——第 i 个土条底面中点的径向与竖直方向的夹角(°)；

φ_i、C_i——第 i 个土条底部土体的总抗剪强度指标[(°)(kPa)]；

φ'_i，C'_i——第 i 个土条底部土体的有效抗剪强度指标[(°)(kPa)]；

b_i——第 i 个土条的宽度(m)；

u_i——第 i 个土条底部的孔隙水压力(kPa)；

γ_w——水的容重(kN/m^3)；

Z_i——坡外水位线高出第 i 个土条底面中点的距离(m)。

P.0.2 防浪墙抗滑、抗倾稳定及基底压应力应按下列方法计算：

1 防浪墙的抗滑稳定安全系数应按下式计算：

$$K_c = \frac{f\sum W}{\sum P} \tag{P.0.2-1}$$

式中，K_c——抗滑稳定安全系数；

$\sum W$——作用于墙体上的全部垂直力的总和(kN)；

$\sum P$——作用于墙体上的全部水平力的总和(kN)；

f——底板与堤基之间的摩擦系数。

2 防浪墙的抗倾稳定性应按下式计算：

$$K_0 = \frac{\sum M_V}{\sum M_H} \tag{P.0.2-2}$$

式中：K_0——抗倾稳定安全系数；

M_V——抗倾覆力矩(kN·m)；

M_H——倾覆力矩(kN·m)。

3 防浪墙基底的压应力：防浪墙为土基的基底的最大压应力不应大于地基允许承载力，压应力最大值与最小值之比的允许值，黏土宜取1.2～2.5，砂土宜取2.0～3.0。其压应力应按下式计算：

$$\sigma_{\min}^{\max}=\frac{\sum G}{A}\pm\frac{\sum M}{\sum W} \tag{P.0.2-3}$$

式中：$\sigma_{\min}^{\max}$——基底的最大和最小压应力(kPa)；

$\sum G$——竖向荷载(kN)；

A——防浪墙底面面积(m^2)；

$\sum M$——荷载对防浪墙底面垂直于横剖面方向的形心轴的力矩(kN·m)；

$\sum W$——防浪墙底面对垂直于横剖面方向形心轴的截面系数(m^3)。

本标准用词说明

为便于在执行本标准条文时区别对待，对要求严格程度的用词用语说明如下：

1）表示很严格，非这样做不可的用词：
正面词采用“必须”；
反面词采用“严禁”。

2）表示严格，在正常情况下均应这样做的用词：
正面词采用“应”或“应该”；
反面词采用“不应”或“不得”。

3）表示允许稍有选择，在条件许可时首先应这样做的用词：
正面词采用“宜”；
反面词采用“不宜”。

4）表示有选择，在一定条件下可以这样做的用词，采用“可”。

引用标准名录

1 《海洋监测规范　第7部分:近海污染生态调查和生物监测》GB 17378.7
2 《混凝土结构设计规范》GB 50010
3 《水文观测标准》GB/T 50138
4 《防洪标准》GB 50201
5 《堤防工程设计规范》GB 50286
6 《水力发电工程地质勘察规范》GB 50287
7 《灌溉与排水设计标准》GB 50288
8 《土工合成材料应用技术规范》GB/T 50290
9 《水利水电工程地质勘察规范》GB 50487
10 《城市防洪工程设计规范》GB/T 50805
11 《海堤工程设计规范》GB/T 51015
12 《水工建筑物抗震设计标准》GB 51247
13 《城市道路工程设计规范》CJJ 37
14 《近岸海域环境监测技术规范　第六部分　近岸海域生物监测》HJ 442.6
15 《生物多样性观测技术导则 鸟类》HJ 710.4
16 《公路工程技术标准》JTG B01
17 《公路桥涵设计通用规范》JTG 60
18 《公路路面基层施工技术细则》JTG/T F20
19 《公路水泥混凝土路面施工技术细则》JTG/T F30
20 《公路沥青路面施工技术规范》JTG F40
21 《公路工程质量检验评定标准　第一册　土建工程》JTG F80/1

22 《港口与航道水文规范》JTS 145
23 《水运工程土工合成材料应用技术规范》JTS/T 148
24 《水运工程结构耐久性设计标准》JTS 153
25 《防波堤与护岸设计规范》JTS 154
26 《防波堤与护岸施工规范》JTS 208
27 《码头结构设计规范》JTS 167
28 《航道工程设计规范》JTS 181
29 《疏浚与吹填工程设计规范》JTS 181—5
30 《疏浚与吹填工程施工规范》JTS 207
31 《水运工程质量检验标准》JTS 257
32 《太平洋牡蛎　亲贝》SC/T 2026
33 《太平洋牡蛎　苗种》SC/T 2027
34 《人工鱼礁建设技术规范》SC/T 9416
35 《疏浚与吹填工程技术规范》SL 17
36 《水利建设项目经济评价规范》SL 72
37 《堤防工程管理设计规范》SL 171
38 《堤防工程地质勘察规程》SL 188
39 《水工混凝土结构设计规范》SL 191
40 《水利水电工程测量规范》SL 197
41 《水利水电工程天然建筑材料勘察规程》SL 251
42 《水利水电工程等级划分及洪水标准》SL 252
43 《堤防工程施工规范》SL 260
44 《水闸设计规范》SL 265
45 《碾压式土石坝设计规范》SL 274
46 《滩涂治理工程技术规范》SL 389
47 《水利水电工程合理使用年限及耐久性设计规范》SL 654
48 《水利水电工程安全监测设计规范》SL/T 725
49 《堤防工程安全监测技术规程》SL/T 794
50 《治涝标准》DB31/T 1121

51 《地基基础设计标准》DGJ 08—11

52 《岩土工程勘察标准》DG/TJ 08—37

53 《地基处理技术规范》DG/TJ 08—40

54 《水利工程施工质量检验与评定标准》DG/TJ 08—90

标准上一版编制单位及人员信息

DG/TJ 08—2111—2012

主 编 单 位： 上海市水利工程设计研究院有限公司
中船第九设计研究院工程有限公司

主要起草人： 卢永金　顾倩燕
王路军　刘小梅　刘新成　江　杰　张丽芬
张赛生　陈建峰　季永兴　俞相成　程松明
黄东海　舒叶华　喻国良　蒋基安　潘丽红

上海市工程建设规范

滩涂治理与海塘工程设计标准

DG/TJ 08—2111—2024
J 12144—2025

条 文 说 明

2025　上海

目　次

Contents

1 总 则

1.0.1,1.0.2 上海市滩涂治理工程种类较多,按功能分为保滩、促淤、造地、滨江(海)水库、人造海滨浴场等;按使用材料和施工工艺分为生物促淤、人工吹填、砌石筑堤、抛石筑堤、土石混合堤、钢筋混凝土挡墙等;按建设性质分为新建、改扩建或除险加固等。

海塘工程根据筑堤材料可分为土石堤、砌石筑堤、抛石筑堤、土石混合堤、钢筋混凝土挡墙等;按建设性质分为新建、改扩建或除险加固等。

本标准对上海市各类滩涂治理与海塘工程的规划、设计的技术要求作了相应规定,适用于上海市的各类滩涂治理与海塘工程的新建、改扩建或除险加固工程。

对有特殊用途的工程,如水库、海滨浴场、核电站、油田、港口、航道、城市废弃物处理场及风电场等,需根据用途同时满足相关行业技术标准的要求。

1.0.3 上海市滩涂治理与海塘工程一般与上海市海塘防御体系相关联,也是长江口、杭州湾综合整治的组成部分,因此其规划设计应统筹兼顾、因地制宜、择优开发、综合利用,符合城市国土空间总体规划、海岸带及海洋空间规划、河口及海岸综合整治规划、水系统治理规划、岸线利用规划和航道发展规划等,遵循经济效益、社会效益、环境效益和生态效益相统一的原则,同时落实上一阶段审批意见。

1.0.4 长江口、杭州湾水域水动力、泥沙、风浪等条件变化较大,传统的块石和砂土建筑材料则日益减少,因此滩涂治理与海塘工程规划设计在贯彻因地制宜、就地取材原则的同时,还应积极采用新技术、新材料和新工艺,以实现又好又快地实施工程,且保证质量，提高效率。鉴于滩涂治理与海塘工程的复杂性、重要性，“三新”技术的应用应经科学鉴定，有条件的情况下要做试验验证，避免盲目使用带来负面影响。

1.0.5 滩涂治理与海塘工程涉及水利、海洋、交通、环保等多个部门和行业，对有特殊用途的工程还需执行相关行业技术标准。因此，本条规定上海市滩涂治理与海塘工程的规划、设计、施工和监测除应符合本标准外，尚应遵循国家、行业和上海市现行有关标准的规定。在建设中还应遵照执行国家新出台的关于环境保护、节能减排和水土保持等方面的规定及要求。

2 术 语

2.0.9 设计中常用的潮位包括设计高潮位、设计低潮位、平均潮位、平均高潮位、平均低潮位。促淤、护脚保滩设计潮位则是以设计高潮位为上限、以设计低潮位为下限，在此之间产生最不利影响的潮流或(和)波浪的任意潮位。

3 基本资料

3.1 一般规定

3.1.1,3.1.2 可靠的水文、气象、地形、地质和社会经济等基本资料是滩涂治理与海塘工程规划设计的基础,应根据各设计阶段的精度要求,有针对性地开展资料收集、整理和分析工作,避免重复与浪费。为保证基本资料的完整性和可靠性,需对所收集的资料进行分析和验证。加固或改扩建工程还应收集工程现状及运行管理资料。所有基本资料应采用统一基准系统。由于历史和行政管理分隔的原因,资料的基准系统存在较大差别,统一基准并对历史资料的基准加以甄别十分重要。

3.2 社会经济

3.2.1,3.2.2 工程区及周边地区的社会经济与环境及已有工程情况和规划,是分析工程必要性、制定工程方案、分析相关影响赔偿及补偿的依据,应充分重视。其中,相关规划一般包括工程所在区域水功能区划、生态空间规划、生态保护红线、海岸带及海洋空间规划等。

3.3 气象、水文与生态环境

3.3.1 降水资料宜包括工程所在地或邻近气象台站观测的逐年、短历时、最大 24 h 和 3 日暴雨降水量,以及设计需要的典型暴雨过程线。

风况资料包括风速风向玫瑰图、分方向历年最大风速和历史上有影响的台风过境时间及其风向、风力、风速。

潮汐资料应包括：

① 多年平均潮位、平均高潮位、平均低潮位。

② 历史最高潮位、历史最低潮位。

③ 设计需要的各种频率潮位、潮差特征值及出现时间，一般包括最大潮差、平均潮差、平均涨潮历时、平均落潮历时、高潮累积频率10%的潮位、低潮累积频率90%的潮位。

④ 用于排水、合龙设计等典型潮位过程线。

⑤ 潮波的运动特征与传播方向、潮流的类型。

波浪资料一般包括波浪类型、波向、波高、波长及波周期的历年观测资料和台风期间的波浪或风向与风速资料。当工程附近区域无实测波浪资料时，应根据行业标准《滩涂治理工程技术规范》SL 389—2008 中附录 A.2 进行计算。

泥沙资料是指滩涂治理和海塘工程附近的泥沙特性，包括含沙量及其分布、泥沙粒径级配，以及泥沙的运动特征、底床与岸线的稳定性等。流速资料包括工程区特征流速（包含涨潮平均流速、落潮平均流速、涨潮最大流速、落潮最大流速）、流速分布和流向的主要特征等。

水质资料一般包括地表水、海水的 COD、BOD、重金属、盐度、TN、TP、油类等含量及 pH 值，海水还应包括盐度的分布情况等。

利用数学模型推求流速、潮位等时，数学模型计算范围的选择，除了要有近期实测地形资料外，还要考虑水文资料条件与水文特性的稳定要求。数学模型边界资料的收集，需要代表不同洪潮组合连续 8 d 以上逐时实测潮位或流量资料，即要包括大、中、小潮过程，便于按不同需要选择计算时段。海域边界没有实测资料时，可近似用不受地形影响的远海天文潮推算同步潮位过程。

3.3.4 圈围工程围区排水下边界为江(海)水域时,排水计算的潮径边界条件一般用典型年法,即设计典型暴雨同步的相应区位的实测潮汐过程,或按照一定重现期的高潮位、低潮位、潮差等特征控制,以实际发生过的潮位过程为基础的拟合过程。

3.4 工程地形

3.4.1 基于实用和节约的原则,且不同建筑物、不同设计阶段,对地形的程度要求均有差别,因此地形测量宜分阶段进行。尤其是当水下地形随时间变化较大时,各个阶段均应有适用的地形图,以免造成后一阶段工程方案和工程造价的大调整。横断面图的间距,除根据不同设计阶段不同精度要求外,还需使断面具有代表性,为此在堤线的曲线段以及地形、地质变化较大处,应增加横断面图。

3.4.3 上海市工程建设一般采用上海 2000 坐标系和上海吴淞高程系统,而现行国家标准是 2000 国家大地坐标系及 1985 国家高程系统,测绘部门应结合工程需要,提供适用的坐标系和高程系统。

3.5 工程地质

3.5.1 已建海塘除险加固工程可以一次进场,达到初设深度;新建堤坝可按可研和初设两个阶段进行。原因是新建堤坝存在堤线比选问题,难以将比选堤线的工程地质条件都按初设要求做到相同深度,而已建堤线一般不存在堤线比选问题,不需要多阶段多方案的反复比选问题。此外,新建堤线应该在规划阶段即开展工程地质工作,以便将规划堤线从地质专业的角度先期界定其可行性。上海地区滩涂治理和海塘工程的地质勘察除满足现行行业标准《堤防工程地质勘察规程》SL 188 中的要求外,还需符合现行上海市工程建设规范《岩土工程勘察标准》DG/TJ 08—37 的有关规定，并根据工程的地质特点和保滩促淤坝、海塘、砂源地及土料场等不同内容的要求，有针对性地选择项目进行勘探、物探和试验。

3.5.2～3.5.5 勘察工作需要了解场地区域的工程地质条件，以对工程建设的适宜性作出评价。其间应着重查明地层结构、各层分布深度、厚度及垂直、水平方向的变化规律，给出勘探点平面布置图、地层特性表及工程地质剖面图。由于表层淤泥及新淤积的沟槽对堤坝的稳定常起控制性作用，因此应十分注意其物理力学性能的查勘。土料（砂源）是工程基本建筑材料，好的土料（砂源）对工程质量、投资非常关键，要重视调查工作。

勘察工作方法主要采用钻探取土、静力触探、十字板剪切试验、标准贯入试验和室内土工试验等综合勘察技术手段。可研阶段堤线勘探孔间距为 500 m～1 000 m，初设阶段堤线勘探孔间距为 100 m～500 m，在淤泥、槽沟等不良地质条件区段适当加密布置。孔深方面，一般性勘探孔深度为 30 m～35 m，控制性孔深度为 50 m～55 m。为了控制海塘的垂直方向的工程地质条件，应沿堤线布置多条垂直于堤线的控制断面，线距为堤线勘探孔间距的 2 倍～4 倍。土工试验除常规物理力学性质试验外，还应进行直剪快剪试验、固结快剪试验、三轴不固结不排水试验、三轴固结不排水试验、固结试验、渗透试验、颗粒分析试验等。砂源调查的勘察孔间距根据阶段不同，可取 500 m～2 000 m，孔深为穿透砂性土层或粉沙质土层进入淤泥质土层不小于 0.5 m，孔深一般为 10 m 左右。土料调查的勘探孔布置参考现行行业标准《水利水电工程天然建筑材料勘察规程》SL 251 中Ⅰ类料场类型的相关要求，勘探孔间距为 200 m～500 m，勘探深度应揭穿有用层，勘察阶段可合并为初勘和详勘两个阶段。

3.5.6 软土堤基上的堤坝工后沉降通常较大，如旧堤为新近填筑而成，其工后沉降尚未完成，进行加固设计时还应预留旧堤未完成的沉降，故应调查软土堤基上的旧堤填筑材料和填筑时间。

3.6 建筑材料

3.6.1～3.6.3 土料来源经论证可取自长江口、杭州湾及其口外海域，或利用其他符合条件的工程弃土、航道（河道）疏浚土等；石料可从市场采购。构筑堤坝的成败在很大程度上取决于土料和石料的适用性、进场的及时性和总量的充分性，因此设计各个阶段均应给予土石料充分重视，研究并落实。

4 设计标准

4.1 工程等级划分与防潮标准

4.1.1 滩涂治理工程不同于一般的堤防工程，除了防洪(潮)外，还有保滩、促淤、圈围等任务要求，其保护的对象通常是围区及工程本身，有时并不保护其后已有的腹地，因此应与堤防工程相区别，以工程自身的规模、重要性等确定工程等级及相应的防潮(洪)标准。对于滩涂治理工程和农业圈围工程，在参照现行行业标准《滩涂治理工程技术规范》SL 389(表1)，并结合历年上海地区滩涂治理工程规模后，本标准对上海滩涂治理与海塘工程的等级及相应的防潮标准在现行国家规范基础上进行了调整。城市及工业开发区圈围工程应根据重要性和保护对象重要性确定工程等级。对有保护腹地功能的工程和有特殊用途的工程，应根据用途满足现行国家标准《防洪标准》GB 50201及相关行业技术标准的要求。海塘工程应根据保护对象重要性确定工程等别(表2)。独立的保滩工程等别应依据相应主要建筑物级别确定。

表1 《滩涂治理工程技术规范》SL 389等别划分

工程等别	Ⅰ	Ⅱ	Ⅲ	Ⅳ	Ⅴ
治理面积(万亩)	≥100	<100,且≥50	<50,且≥10	<10,且≥5	<5
经济作物(万亩)	≥50	<50,且≥30	<30,且≥5	<5,且≥1	<1
水产养殖(万亩)	≥10	<10,且≥5	<5,且≥1	<1,且≥0.2	<0.2
工业开发区(重要性)	特别重要	重要	较重要		一般

表 2 《防洪标准》GB 50201 城市防护区的防护等级和防洪标准

防护等级	重要性	常住人口（万人）	当量经济规模（万人）	防洪标准[重现期(年)]
Ⅰ	特别重要	≥150	≥300	≥200
Ⅱ	重要	<150,≥50	<300,≥100	200～100
Ⅲ	比较重要	<50,≥20	<100,≥40	100～50
Ⅳ	一般	<20	<40	50～20

4.1.2 主要建筑物和次要建筑物是相对的，在圈围及海塘工程中保滩坝是次要的，但在保滩和促淤工程中则是主体，是主要建筑物。龙口在圈围工程中是临时建筑物，但在促淤工程中，促淤坝及其纳潮口为主要建筑物，促淤区内隔堤、保滩坝、保护期龙口等为次要建筑物。在合龙期，龙口、泥库、施工安全墩及围堰等为临时建筑物。

4.1.5 上海市的不少滩涂治理工程采用先促淤后圈围、先高滩后深水，逐步推进、分期治理方式，往往前一期圈围结束不久就进行下一期圈围，前一期海塘实际使用期不长，因此其设计重现期可适当降低。

4.1.6 若工程区后方既有主海塘需拆除或降低标准，则新建海塘的防护对象包括既有海塘的保护对象，设防标准必须统一考虑既有主海塘的保护对象。

4.1.7 海塘工程上的闸、涵、泵站等建筑物及其他构筑物与海塘相连接，导致当海塘需要加高加固时，这些建筑物或构筑物的加高加固相对较困难。因此，对建筑物及其他构筑物的防潮标准作出了相对较高的规定。

4.1.8,4.1.9 龙口的风险与工程的重要性和龙口的使用时间密切相关。对于重要工程，由于损失大、使用期长，失败的可能性也会相应增加。同时，汛期的风险远高于非汛期。因此，龙口保护及合龙的防潮标准应根据具体情况综合考虑这些因素确定。为降低风险,龙口合龙一般选在小潮期间完成。

4.1.10 促淤工程往往作为圈围成陆工程的前期工程,使用期较短,防潮标准一般低于促淤坝。若促淤坝为海塘的一部分,为防止由于防潮标准不统一导致的工程废弃,应对分步实施和一步到位两种方案进行比较和论证。

4.1.11 促淤工程的纳潮口作为促淤工程的一部分,其防潮标准应与促淤坝一致。

4.1.12 堤前滩地对海塘安全起重要作用,保滩是维护或提高海塘防御能力的重要工程内容,其设防标准应与海塘标准相适应。对于那些与海塘紧密相连、互为支撑、一旦破坏难以及时修复并会直接影响海塘安全的保滩工程,其设防标准应与海塘相同;而对于那些与海塘防御能力直接相关,但破坏后一般不会马上引起海塘破坏的保滩工程,可认为是海塘的附属建筑物或次要建筑物,其设防标准可参照相关规范适当降低。

影响保滩工程的因素较多,包括风、潮、流及滩势等,不同地段影响因素不一,有时是多种因素综合作用,因此保滩工程的防潮标准不应简单理解为防御高潮位,而应针对具体条件分析影响保滩工程安全的因子,并提出相应的设防标准。潮位一般难以单独产生影响,与浪等共同作用时,产生控制性影响的潮位也不一定发生在最高潮位,因此保滩设计标准对应的潮位是指相应重现期的最高与最低潮位之间的任意潮位,是一个“域”而不是通常的一个“点”。风浪设计重现期应根据保滩工程与海塘关系确定,并寻找最不利潮位与其组合。

4.2 波浪与风速设计标准

4.2.1 根据2020年上海市政府批复同意的《上海市防洪除涝规划(2020—2035年)》(沪府〔2020〕75号),全市主海塘按

200 年一遇标准设防，即 200 年一遇高潮位＋12 级风（不低于同频风）。

4.2.2 目前，上海地区的海塘一般按不允许越浪设计，这样做是因为上海地区滩涂治理与海塘工程主要采用土石结构，而且受风、潮、流影响较大，破坏后损失较严重，加上按不允许越浪设计堤身较高，便于后期提高标准。如果按允许部分越浪设计，堤身内坡一般有保护，抗越浪冲击能力较强，在遭遇同样越浪量的情况下，允许部分越浪的海塘安全性一般更高，同时因其堤身低，对堤基处理要求低，经济性可能更好。随着滩涂治理与海塘工程向中低滩发展，按允许部分越浪设计的优势更加明显。因此，本条规定应根据海塘结构特点、建设维护成本及保护对象，经论证后按部分允许越浪进行海塘设计。

海塘的越浪量是指每延米长度海塘上每秒钟波浪翻越海塘的水量，其单位为 $m^3/(s \cdot m)$。海塘的越浪量和允许越浪量具有时间平均的概念。国内现行规范对允许越浪量的规定都是针对堤身安全确定的，对堤身交通功能的要求未加考虑。另外，根据分析，堤身的安全不仅与堤身保护形式有关，也与保护的范围有关，因而本标准表 4.2.2 对保护范围作了规定。国外对允许越浪量的研究比国内深入，日本及荷兰对堤防、护岸的极限允许越浪量规定见表 3。美国海岸工程手册中对行人、车辆、建筑物、堤防防浪墙及护砌等允许越浪量给出了较为详细的分类指标，见图 1。

从目前国内外的研究情况看，允许越浪量的确定和越浪量的计算方法仍然不够准确，为安全起见，本条规定对 1 级～2 级或有重要防护对象的海塘宜结合物理模型试验确定允许越浪量。

表 3　日本与荷兰堤防护岸极限允许越浪量[$m^3/(s \cdot m)$]

日本			荷兰	
护面形式		临界越浪量	护面形式	临界越浪量
堤防	堤顶及内坡无护面	0.005	砂性土上良好的草皮护坡	0.1×10^{-3}
	堤顶有护面但内坡无护面	0.02	黏性土上良好的草皮护坡	1×10^{-3}
	堤顶及内坡均有护面	0.05	黏土护面层上良好的草皮	10×10^{-3}
护岸	岸坡(墙)后无护面	0.05	行人可安全行走	4×10^{-6}
	岸坡(墙)后有护面	0.20	行人交通较危险	3×10^{-5}

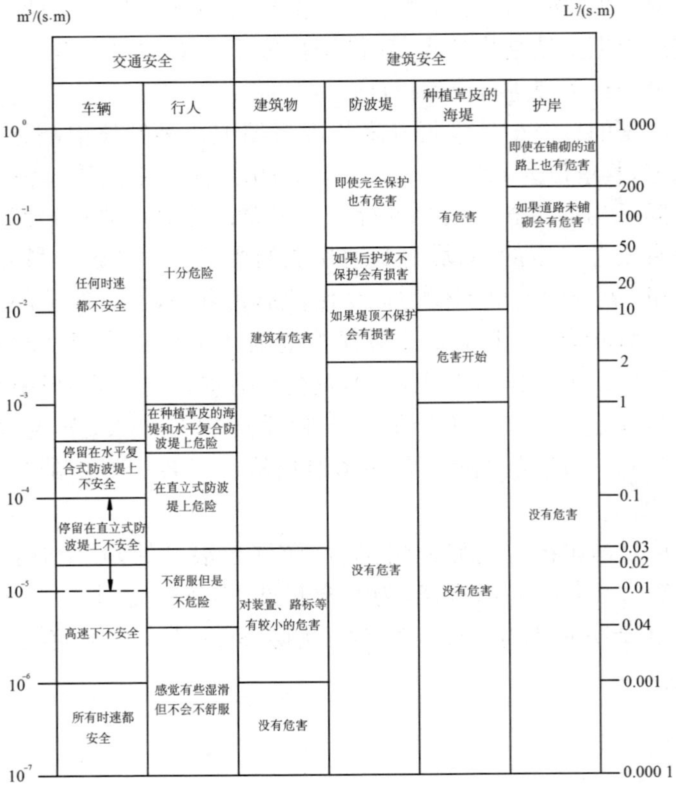

图 1　美国堤防允许越浪量

4.3 安全加高值与稳定安全系数

4.3.2 本条根据海塘工程不同运用条件、不同稳定分析方法和岩土体物理参数试验条件，参考现行国家标准《堤防工程设计规范》GB 50286、《海堤工程设计规范》GB/T 51015 及相关标准制定。目前上海海塘稳定计算均采用瑞典圆弧法及改良圆弧法，积累了一定的经验，其他方法虽可能更先进，但因土的力学参数获取困难，难以得到实用。表 4.3.2 中所列安全系数适用于瑞典圆弧。若采用毕肖普法(表 4)，则宜参照现行行业标准《碾压式土石坝设计规范》SL 274 进行试验分析，并应将最小安全系数相应提高，1 级海塘不宜小于 1.50。

表 4 简化毕肖普法整体稳定安全系数

建筑物级别		1	2	3	4,5
安全系数	正常运用	1.50	1.35	1.30	1.25
	施工期	1.30	1.25	1.20	1.15
	地震工况	1.20	1.15	1.15	1.10

4.4 围区配套工程设计标准

4.4.2 根据 2020 年上海市政府批复同意的《上海市防洪除涝规划(2020—2035 年)》(沪府〔2020〕75 号)，主城区等重要地区基本达到 30 年一遇除涝标准，其他地区基本达到 20 年一遇除涝标准。上海市地方标准《治涝标准》DB31/T 1121—2018 第 6.1 条规定：城镇化程度较高的水利片(浦东片、嘉宝北片、浦南东片、长兴岛等)设计暴雨重现期不小于 20 年一遇，城镇化程度较低的水利片(崇明岛、横沙岛等)设计暴雨重现期为 20 年一遇。

圈围工程中围区永久排水设计潮型可参照上海市地方标准《治涝标准》DB31/T 1121—2018 第 7.1 条规定：承泄区设计潮(水)位边界条件采用典型设计暴雨的相应同步潮(水)位变化过程；治涝安全高的重要地区，宜采用与典型设计暴雨雨型相同时段且不利遭遇的 3 年一遇及以上高潮(水)位的相应潮(水)位变化过程作为设计潮(水)位潮型；设计潮(水)位潮型宜根据未来海平面上升及工况变化影响等因素，经论证合理修订。

在围区使用功能难以确定时，围区排水标准可按临时排水考虑基本满足排水功能。临时排水标准一般按 5 年一遇 24 小时暴雨 3 日排出或按施工期造地吹填排水要求，取二者之大者。如吹填在汛期实施，且吹填不能因暴雨而中断，则吹填排水和暴雨可能重叠，排水标准则应采用二者叠加。

4.4.4 鉴于后期沉降及下层路基在海塘建设时处理困难或处理代价太高，且因线型布置、滩势等影响而不易满足等级公路要求，以及台汛期抢险需要，海塘一般不用作等级公路。然而，为了满足施工及堤防维修养护需要，对堤顶及堤上桥梁设计荷载应有一定的要求。根据以往经验，不低于公路-Ⅱ级车道相当的荷载，既可较好地满足施工与抢险需要，又无需进行额外的路基处理。当有特殊需要时，可考虑结合永久性等级交通道路设置和建设，对线型和交通量提出要求。

5　设计潮位与波浪

5.1　设计潮位

5.1.1　根据上海市规划和自然资源局《关于启用2021年度上海市高程控制网水准复测成果的公告》(沪规划资源调〔2022〕434号),上海吴淞高程基准比1985国家高程基准低1.68 m。1985国家高程基准是以青岛验潮站1952—1979年的潮汐观测资料为计算依据,并用精密水准测量接测位于青岛的中华人民共和国水准原点。不同地区(上海、宁波、嘉兴和镇江等)的吴淞高程系统与1985国家高程基准的差值并不相同,采用资料在基准之间相互转换时应仔细核对。

5.1.4　长江口内及杭州湾沿线水文站点多年潮位统计分析表明,重现期潮位统计采用P-Ⅲ型分布最为合适。由于影响沿海潮汐的因素复杂,各地潮汐情况差异较大,每种线型也都有一定局限性。在设计低潮位统计时,为避免调整计算零点造成的计算结果的任意性,现行行业标准《港口与航道水文规范》JTS 145也推荐采用极值Ⅰ型进行分析计算。因此,在某些情况下,经过分析论证,也可以采用适合当地情况的线型进行频率分析计算。

5.1.6　对于工程规模较大的工程,其建设可能会显著影响周边的潮位。因此,在设计潮位时,应考虑工程实施可能对工程区潮位产生的影响,宜进行专题分析。

对于冲淤变化较大的河段,地形的变化对潮波传播将产生影响,故设计潮位的确定应进行专题分析。论证内容应包括对工程区河段冲淤趋势作出的初步判断,对潮位受地形变化的影响作出的初步评价,以及在此基础上进行设计潮位的统计计算。

位于潮位差异较大或者发生涌潮的河段，如长江口北支上段等，设计潮位宜进行专题分析。长江口北支河道历年来受径流和涌潮等影响，河槽容积上下游差异大，且潮滩冲淤多变，尤其是北支中上段河道，在径流、涌潮、潮滩冲淤和河口缩窄等多因素共同作用下，潮波传播年际变化大，故设计重现期潮位宜进行专题分析。

5.2 设计风速

5.2.1 根据气候统计理论和世界气象组织（WMO）的规定，气象要素的多年平均（即气候平均值）和概率计算（如重现期设计风速计算）所采用的基础资料年限长度不应少于 30 年。

考虑到我国沿海气象站的实际情况，为避免因资料年限不够而影响风的统计分析，故规定风的基础资料年限不宜少于 30 年。

5.2.2 风速取值标准高度为地面以上 10 m 处，这与国内外相关标准一致。考虑到 20 世纪 70 年代以后，国内气象站逐渐采用自记风速仪，具备了逐时 10 min 平均风速的记录，因此，本标准基础风速资料采用逐时观测值。对于不符合以上标准的风速资料，需要通过适当的换算办法将其转变为标准风速资料来进行统计分析。当风速观测高度不符合标准风速要求时，可通过高度换算将其订正为标准风速。风速高度换算宜采用下式：

$$v=v_{Z}\left(\frac{Z}{Z_{Z}}\right)^{\alpha} \tag{1}$$

式中：v——需求的 Z 高度处的风速；

v_{Z}——已知 X_{Z} 高度处的风速；

Z——需要订正的高度；

Z_{Z}——已知的测风高度（测风传感器离地面的高度）；

α——风随高度变化指数，其取值大小按下垫面特征确定。

由于观测设备的原因，20 世纪 70 年代以前，各地风速仅有一日3次、一日4次的定时观测资料，自20世纪70年代以后，各气象台站才开始陆续使用自计风速仪进行逐时风速观测。在进行风速统计时，观测模式不一致也应进行相应转换，应将风速资料统一换算为标准风速值。

5.3 设计波浪

5.3.1 目前大多数波浪实测资料为每日4次定时观测，没有晚上的数据。另外，在台风等恶劣天气状况下，也可能造成缺测。若根据调查或从天气图分析，最大波浪发生在晚上或者在白天有缺测的情况，则一般可用天气图进行计算，以补充已有的观测数据。在频率分析取样时，应注意各年需使用同一波列累积频率的波浪要素。

5.3.3 当工程所在位置及其附近均无测波资料时，一般可通过经验公式法和数学模型法两种方法计算。设计波要素的计算应考虑工程地点处于河口、海湾内还是处于开敞海域。

1 本标准所指的开敞式海岸是指面向大海、受外海涌浪或混合浪影响为主的海岸线，如长江口外等。在此类水域，设计波浪要素中深水波要素的推求可根据等深线位置查本标准附录C.0.1。本标准附录C.0.1深水波要素为不规则波谱数学模型计算结果，其计算波要素值体现了外海深水涌浪的长周期特性。在利用该成果计算近岸波要素时，若利用假定波周期不变的经验方法进行近岸设计波浪要素计算，则不能体现不规则波在近岸水域因地形等因素造成的波能耗散，计算结果中波周期会明显偏大，故当采用经验法计算浅水变形时，应考虑波周期的浅水变化效应。对于地形复杂的浅水区域，当采用经验法计算困难时，应采用不规则波谱模型进行近岸波浪传播变形计算。

波谱数学模型的谱型可采用国外常用的JONSWAP（1987）谱、P-M谱和国内的文圣常谱等，也可采用当地海域实测的风浪谱。

2 本标准所指的海湾和河口区，是指水域内有岛屿或陆地阻挡，或水域狭窄不规则，形成半封闭且水域波浪以风浪为主的海域，如长江河口和杭州湾中。在此类水域，设计波浪要素的推求通常采用莆田海堤试验站风浪计算公式（简称“莆田公式”）的方法。

也有专家提出考虑到外海涌浪的传入，平均波周期在莆田公式计算基础上放大15％。主要依据为2000年上海市水务局和河海大学完成的“上海风浪实测资料统计分析及风浪谱分析研究”专题。该专题利用杭州湾中港和南汇东滩大治河两波浪测站连续2年不分方向实测波高 $H_{1/10}$ 资料统计重现期波高，由此调整的周期与波高经验关系式计算的周期见下式：

$$T = 4.22H_{1/10}^{0.40} \tag{2}$$

与莆田公式法根据平均波高计算的周期见下式：

$$T = 4.438\bar{H}^{0.5} \tag{3}$$

通过对两式计算的结果比较，发现莆田公式法计算的周期略微偏小，这主要是因为莆田公式为风浪计算公式，适合由风速推算波浪情况。实测的风浪谱具有双峰谱特性，低频（长周期）的组成波可占频谱总能量的20％以上，说明实测波浪具有混合浪特性，波周期较纯风浪大10％～14％，故在使用莆田公式推算波周期时，为考虑到当地波浪的涌浪特性，建议波周期放大15％。

对于风区内有沙洲、曲折岸线等对波浪传播有影响的情况的，宜进行多因素考虑，在计算手段上可采用数学模型等。

3 设计波浪也可以建立大范围的风浪数学模型进行数值求解，模型风场范围应综合考虑风区、风速和水深等因素后确定。在河口、海湾地区，主风向上对岸为陆地，则风区长度按有限风区考虑；在主风向两侧水域开敞且为开敞海域时，则风区长度按极限风区考虑。

5.4 波浪浅水传播变形计算

5.4.1,5.4.2 波浪向近岸浅水区传播,其波高、波长、波向均会发生较大改变,故应进行波浪浅水变形计算。波浪在浅水区发生变化的主要原因是受水深变浅、地形阻碍、海底摩擦、水流作用以及障碍物(岛屿、建筑物等)等的影响。实际上,在波浪浅水变形分析中,要同时考虑所有这些现象的结果是十分困难的。

经验的方法主要是对各种变形现象采用分别独立处理的办法,即就某种影响因素引起的波浪变形独立地分析,其结果以某一系数表示,如浅水系数、折射系数、绕射系数、摩擦减损系数等。同时假定所有这些系数的线性叠加就能获得综合结果。此外,在变形分析中,可视具体情况考虑影响最大的若干因素,忽略次要因素。比如,当折射和绕射的影响不大时,可只考虑浅水系数和底摩阻的影响,从而使问题简化。

在波浪变形计算中,数学模型理论上能同时考虑上述各因素,并在某些情况下考虑到上述各因素的相互影响,以及波浪的非线性相互作用等,并在计算原理上较经验方法有优势。但是,数学模型需要大量实测资料或者经验的验证,工程实践中常常难以实现,因此数学模型计算成果应在认真分析的基础上慎重选用。

在海塘工程中采用的数学模型主要有中尺度风浪模型和小尺度变形模型。中尺度风浪模型的特点是能够考虑风能输入、波浪非线性作用等因素。目前,国内应用较多的国外中尺度风浪模型有 SWAN、MIKE 软件的 SW 模块以及 SMS 的 ST-WAVE 模块等,国内则有南京水利科学研究院、天津水运工程研究所、河海大学、华南理工大学等科研院所的自研模型。

由于中尺度风浪模型通常能够考虑浅水效应、折射和底摩阻的影响，因此在求解深水波要素时，只要堤前地形的刻画满足求解精度要求，就可以在同一模型中求出堤前波要素。

小尺度变形模型主要是用于求解波浪折射-绕射的数学模型，如基于 Bousinesq 方程或者缓坡方程等的数学模型，通常不考虑风能的输入，适用于波浪的局地计算，特别是在有岛屿、丁坝和沙洲等障碍物等的情况下的波浪折射-绕射变形计算。

5.4.6 根据现行行业标准《港口与航道水文规范》JTS 145 有关规定，在不规则波条件下，仅为大波破碎，发生破碎的大波的波高 H_b 及其相应的深水波长 L_0 与水深 d 间的关系仍符合规则波的规律，但不规则波条件下的破碎波高约为规则波破碎波高的 0.88 倍，该结果是在 1/50 的底坡条件下求得的。

对于海底坡度很缓的水域（$i<1/400$），主要根据国外的 Nel-son 公式，并对系数稍作调整。

使用本条时，对于坡度 $1/400<i<1/50$ 的海域，H_b/d_b 的最大值可取为 0.78。

不规则波的破波计算可参考现行行业标准《港口与航道水文规范》JTS 145。

5.5 波浪爬高和越浪量计算

5.5.1 波浪爬高计算应采用不规则波要素作为计算条件。计算时，应针对不同的计算要求采用不同波高累积频率。

波浪爬高计算公式中的波浪要素条件是指堤脚前的波浪要素，一般可取堤脚前约 1/2 波长处的波浪要素作为计算参数。当堤脚前滩面坡度较陡时，1/2 波长处的波浪特性不能代表堤脚前的波浪特性，其波浪在向堤脚传播时还会产生较大变形，因此，应取靠近堤脚的波浪要素作为爬高的计算参数。

5.5.2 海塘断面结构型式是多种多样的，而波浪爬高的计算公式一般都是针对某一特定的断面型式概化试验研究的成果。因此，在具体计算时，对海塘的断面结构型式作合理的概化并选用相应的计算方法和计算公式是波浪爬高计算的关键，应给予足够的重视。

目前，比较成熟的波浪爬高计算公式大多数是针对断面几何外形相对较简单的堤防，对于断面型式复杂的堤防，由于影响波浪爬高的因素较多，计算方法还不够成熟，故本条对重要堤防作了宜结合断面物理模型试验确定波浪爬高值的规定。

5.5.3 从目前国内外的研究情况看，堤防越浪量的计算方法都是基于特定的简化断面和一定条件的试验总结出来的经验公式，不具普适性。为安全起见，本条规定对3级及以上或有重要防护对象的海塘宜结合断面物理模型试验确定越浪量。

5.6 波浪作用力计算

5.6.2 对于陡墙式护面结构海塘和斜坡式采用混凝土板或栅栏板等作护面层的海塘，在进行强度或稳定设计时需考虑波浪的作用力，本标准附录G给出了几种常用护面形式的波浪力计算方法，其中计算波浪作用力的公式均是在单一坡度且海塘不允许越浪的条件下得出的。

单一坡度陡墙式海塘的波浪作用力按本标准附录G直立堤的公式估算。

5.6.5 从目前国内外的研究情况看，海塘波浪作用力的计算不够成熟。为安全起见，本条规定复杂断面海塘宜结合物理模型试验确定波浪作用力。

6 工程总体布置

6.1 一般规定

6.1.1 本条列出了上海地区在长江口、杭州湾等区域的滩涂治理与海塘工程选址选线时必须首先考虑到的重要总体规划、专业规划等，工程的总平面布置首先必须在符合这些总体规划和专项规划的前提下进行选址选线，并与规划中明确的相关内容相协调。

其中，重要总体规划一般包括长江口综合整治规划、上海市城市国土空间总体规划等；相关专业规划包括上海市海岸带综合保护与利用规划、上海市海塘规划、上海市滩涂资源保护利用规划及长江口航道发展规划、自然保护区、生态保护红线等岸线、港口、航道、生态相关专业规划。

6.1.5 滩涂治理与海塘工程的实施会对周边区域的流场和流态带来不同程度的影响，引起水沙平衡条件的改变，导致一定的冲淤变化。通常，需采用数学模型或物理模型的手段，结合地形地质条件，论证选择顺应河势且对周边相关区域影响尽量小的工程布置。

6.2 保滩促淤总体设计

6.2.1 大规模保滩促淤工程应在分析潮流、风浪等作用条件下，从有利于加大加快保滩淤积效果和保障工程自身安全角度来制定保滩促淤工程分区分期实施顺序。

6.2.2 各种保滩促淤措施的应用应符合实际情况。水体中泥沙输移与潮流和波浪等主要动力条件有关，保滩促淤工程措施需充分考虑风浪掀沙、潮流挟沙的综合作用。

丁坝主要建在受径流、潮流冲蚀的岸滩，是上海地区最常用的保滩措施。它的保滩机理主要是通过将主流挑离河岸，以尽量争取在坝田区形成淤积。如近岸波浪经变形后其方向常垂直于岸线，故丁坝的消浪作用不大，但可隔断沿岸流，减小因顺岸向风区过长引起的风浪掀沙和提高沿岸流带走淤积物的可能性。因此，丁坝对保滩仍有一定作用，而促淤工程最常见的形式是顺坝与丁坝（隔坝）的组合。除了堤坝之外，其他有缓流消浪功能的措施也能达到保滩促淤效果，如种植水生植物等。因此，保滩促淤总体设计时应根据具体条件进行多方案分析。

6.2.3 当保滩促淤工程为后期疏浚土资源利用和成陆创造条件而建设时，工程布置要统筹分析后期工程的实施方案，既要减少废弃工程，又要为后期实施创造有利条件。

6.2.5 长江口、杭州湾呈涨落潮往复流，上、下游来沙条件也不同。为减小丁坝坝头冲刷，若涨潮流为优势流时，丁坝轴线可略偏向落潮流方向一侧，反之亦然。为提高促淤效果，若涨潮流含沙量较高，丁坝轴线可略偏向含沙量较高的涨潮流方向一侧。

6.2.8 河口海岸地区泥沙运动非常复杂，其运动机理未被完全掌握，现阶段尚难以准确表达泥沙运动规律，预测河床的冲淤变化因而也十分困难。因此，本标准推荐采用多种方法相结合的方式进行估算，并对估算结果进行综合分析后确定最终的设计方案。

6.2.9 经多个已建促淤工程实例对国内多家机构提出的促淤效果预报公式在长江口地区适用性的验证，推荐王义刚等人提出的淤泥质河口边滩围垦后淤积计算公式和修正后的河口河相关系式，详见本标准附录 H。经验公式关键参数的取值决定了预报结果的准确与否，建议根据当地经验进行取值。

6.2.10 在长江口和杭州湾潮间带，受河流来水、海洋潮汐和潮间带地形等因素的影响，滩涂土壤盐度常存在一定的时空差异。在潮带不同高程上淹水时间、淹水深度和盐度等条件也会不同，因此，滩涂高程作为一个综合因子对植物的生长和分布产生的限制作用，是影响植物空间分布的关键因素。

根据上海市 2016 年、2018 年、2019 年、2020 年、2021 年滩涂生物种青工程经验，在崇明北沿外侧 1.0 m～3.0 m 滩地、横沙东滩 1.3 m 以上滩地、南汇东滩 1.9 m～3.0 m 滩地均有种植种青，大部分长势良好，成活率较高。

生物保滩促淤措施费用较低，且植物生长成熟期与大风浪期一致，滩地上种植植物，有减小波高、降低波流动力、削弱波浪掀沙能力的效果，可起到加糙缓流沉沙、促淤护滩的作用。

根据《上海市堤防(泵闸)设施管理处关于崇明北沿芦苇等滩地植物消浪效果分析专题会议的纪要》(2018.11)，对于芦苇带宽超过 100 m 的滩地淤涨区域，芦苇的消浪系数可取上限值 22%。目前，在促淤坝的促淤和堤防的消浪计算中，一般暂不考虑芦苇消浪和促淤的因素，仅作为设计余量考虑。

6.3 海塘工程总体设计

6.3.1 与强风和强浪向呈正交的堤线布置需增加堤身的高度，增大护面块体的重量，如能避开堤线走向宜选取对防浪有利的方向。

6.3.2 局部堤线的突变、不平顺会引起局部流场的改变，对堤前的滩地产生冲刷。迎浪向堤段的线型若布置成凹向，导致波能集中，不利于防浪消能。

6.3.5 促淤坝作为后续堤防的一部分或离堤防一定距离作为堤前消浪潜坝，这两种利用方式在上海都有大量的实践，各有优缺点。促淤坝作为堤身一部分，成陆的土地面积大，但堤身高，坝与堤身保土反滤难实施；促淤坝作为堤防前沿消浪潜坝，堤身高度可降低，堤坝间可形成高滩湿地，但成陆面积少。在成陆面积要求不很高，且堤基力学性能较差时，堤坝分离较为经济。根据上海交通大学和上海市水利工程设计研究院有限公司进行的一系列波浪水槽试验结果，在设计水深和波浪条件下，坝与堤间距设为 1/2 波长时，坝对堤的消浪效果最佳，但当水深或波浪条件改变时，堤坝间的最佳间距会发生变化。

6.3.7 为方便堤防及外侧保滩结构的维修养护与日常管理，堤外坡宜结合消浪平台、保滩隔坝等每隔一定距离设置下堤通道，人行道间隔距离取小值，可与车行道间隔布置。通道口需加设防潮措施。

6.4 分区布置、纳潮口及龙口选址

6.4.4 纳潮口和龙口的选址是促淤工程和圈围工程布置的重要内容。纳潮口主要指促淤工程各分隔促淤区的进出水口门，龙口主要指圈围工程各围区的进出水口门。本条列出了纳潮口和龙口位置选择的主要原则。在纳潮口和龙口的选址时，通常又与纳潮口和龙口的规模相结合论证。将纳潮口和龙口布置在汊道或潮沟中有利于分区的水流进出，可减少工程建设期间对滩地和河势的冲淤调整，进而减少工程的保护范围和工程初期的施工压力。

6.5 围区排水与交通系统布置

6.5.1 根据上海地区滩涂治理工程经验，圈围工程围区形成后的 1 年～3 年内，围区临时排水设施作为主要排涝设施，不仅需要将围区内涝水外排，还要将围区建成初期所滞留的海（江）水和开发初期泡田洗盐的咸水排出。围区进入开发阶段后宜结合规划和实际情况，尽量将临时排水设施与永久排水设施结合布置，以

节省总造价。

6.5.3 水面率是影响排水规模的重要参数，应结合围区所在水利分片区规划水面率、区域位置以及后期可能的用途等因素综合确定。国务院 2017 年批复同意的《上海市城市总体规划（2017—2035 年）》（国函〔2017〕147 号）明确，2035 年规划河湖水面率不低于 10.5％。2017 年《市水务局市海洋局与市规土局工作对接会议的纪要》约定，为确保全市河湖水面率规划管控，新成陆区按不少于 15％规划和控制河湖水面率，在滩涂成陆和土地整理阶段按规划实施。

6.5.4 各级排水渠道和管道应尽量布置在低洼地带，使之能快速通畅地自流排水，同时也为合理布置排水工程和选取良好的排水出路创造条件。排水面积较大的排水区，利用天然河道及原有沟道作为骨干排水渠道，可使工程量大大减少。自排时，可修建排水涵闸利用排水出口水位高于下一级排水渠道或承泄区水位的短暂时期抢排涝水；如果下一级排水渠道或承泄区水位长期高于排水出口水位，而上一级排水渠道蓄涝容积不能满足调蓄要求时，则需修建排水泵站进行抽排。

6.5.5 临时排水口应设在有利于围内泥沙沉淀的位置上。可布设在围区死角或远离排泥管线出口的地方，并应能就近向围区外排水。

6.6 河势影响与环境保护分析

6.6.1 总平面布置方案应通过数学模型或物理模型论证分析其对邻近重要河段的河势或相关涉水工程的影响，主要包括相邻区域重要的沙体、滩地、堤防、水道、港区、航道、码头、引（排）水口门、海底光（电）缆、穿越河床的管道隧道等。应包含以下内容：

1 工程前、后相邻水域高潮位和低潮位的变化及变化幅度。

2 工程前、后相邻水域涨潮历时和落潮历时的变化。

3 工程前、后相邻水域涨潮期和落潮期的流速极值和均值的变化及变化范围。

4 涉及重要航道的，应给出航道主泓中流速极值线的变化。

5 进行泥沙模型、悬沙淤积或动床冲刷等物理模型论证的，还应给出相关区域的冲淤幅度及大致的冲淤范围。

6.6.2 平面二维潮流数学模型在长江口和杭州湾的应用较为成熟，模型的精度主要取决于率定验证情况。由于河口地区地形变化和水文条件较为复杂，模型验证率定往往不够充分，且因数值计算人员自身的经验和素质的差异，模拟的结果难以避免差异的发生，因此特别复杂且敏感的工程应采用2套以上数学模型并行分析，有条件时宜开展物理模型验证。

由于河口条件的多变性和模型的概化特点，现阶段模拟的结果在一定意义上都只能是“定性”的结果，完全不相信或照单全收模拟结果进行的工程设计都是不可取的。

6.6.3 总平面布置方案还应对周边的生态环境影响作出初步分析，主要对可能涉及的重要湿地保护区、鸟类保护区和重要鱼类产卵水域的影响进行评估。

7 保滩促淤设计

7.2 保滩促淤工程建筑材料

7.2.2 填芯土料的黏粒含量影响吹填固结的速率和坝体初期稳定性。本条规定基于多年工程实践，是正常吹填的下限。为提高充泥管袋、堤芯吹填土、袋装砂及排体砂肋的施工速度，加速充泥管袋的固结和稳定，则宜进一步减小土料中粒径小于 0.005 mm 黏粒含量，或在土料中添加水泥等掺合料。

7.2.5 根据现行行业标准《水利水电工程合理使用年限及耐久性设计规范》SL 654，钢筋混凝土的强度等级应按照环境类别、合理使用年限确定。其中，五类环境类别、合理使用年限 20 年～50 年的结构，钢筋混凝土不宜低于 C35；合理使用年限 100 年的，宜再提高一级。保滩促淤坝结构中的钢筋混凝土属于五类环境类别、合理使用年限 20 年～30 年。

7.2.6 上海滩涂治理与海塘工程中常见的使用功能及土工复合材料种类一般有以下几种：

1 当用于构筑坝身的充泥管袋时，常用织造土工织物。构筑堤坝外棱体时，袋布一般采用 175 g/m^2 防老化裂膜丝机织布，其他部位（如促淤坝堤芯抛投、堤防子堰）袋布一般采用 130 g/m^2 机织土工布。为提高施工期抗风浪能力，外侧充泥管袋可局部加强，在风浪作用面加覆一层 200 g/m^2 防老化长丝机织土工布或直接以防老化长丝机织土工布替代。

2 当用于堤身反滤保土时，一般选用 380 g/m^2 复合土工织物（即采用 230 g/m^2 长丝机织土工布与 150 g/m^2 短纤针刺土工布复合），风浪作用小或渗透力小时也可选用 200 g/m^2～250 g/m^2 长丝机织土工布。

3 当用于护底防冲时，软体排护底一般采用 250 g/m² 长丝机织土工布；砂肋软体排和混凝土联锁块软体排护底，底层土工织物一般采用 380 g/m² 复合土工织物；砂肋袋布采用 200 g/m² 长丝机织土工布；砂肋加筋一般采用筋带（宽 50 mm），其拉伸负荷大于 16 kN，伸长率小于 25%，单位重量不小于 52 g/m；绑扎绳一般选用直径为 16 mm 的绳索，其拉伸负荷大于 30 kN，单位重量不小于 115 g/m。

4 当用于堤基加筋时，一般采用单向土工格栅，其极限抗拉强度根据计算确定。

上海滩涂治理与海塘工程常用的土工织物技术指标见表 5；常用的土工格栅为聚丙烯单拉和高密度聚乙烯单拉塑料格栅，其技术指标见表 6 和表 7。

表 5 上海滩涂治理与海塘工程常用土工织物技术指标

序号	测试项目	单位	裂膜丝机织土工布（编织布）	裂膜丝机织土工布（编织布）	丙纶长丝机织土工布（机织布）	丙纶长丝机织土工布（机织布）	230 g/m² 丙纶长丝机织布与 150 g/m² 涤纶短纤无纺布复合
1	单位面积质量	g/m²	130	175	200	250	380
2	经向断裂强度	kN/m	≥22	≥33	≥50	≥63	≥52
3	纬向断裂强度	kN/m	≥20	≥30	≥45	≥58	≥50
4	经向断裂伸长率	%	≤25	≤25	≤35	≤35	≤35
5	纬向断裂伸长率	%	≤25	≤25	≤30	≤30	≤30
6	CBR 顶破强力	kN	≥1.8	≥2.8	≥4	≥5.5	≥5
7	等效孔径 O_{95}	mm	≤0.25	≤0.25	<0.10	<0.10	<0.07
8	垂直渗透系数	cm/s	$>1\times10^{-3}$	$>1\times10^{-3}$	$>1\times10^{-3}$	$>1\times10^{-3}$	$>1\times10^{-2}$
9	抗紫外线（强度保持）	%	—	≥90(96 h)	≥90(96 h)	—	—

表 6　聚丙烯单拉塑料格栅技术指标

产品规格	拉伸强度(kN/m)	2%伸长率时的拉伸强度(kN/m)	5%伸长率时的拉伸强度(kN/m)	标称伸长率(%)
TGDG35	≥35.0	≥10.0	≥22.0	≤10
TGDG50	≥50.0	≥12.0	≥28.0	
TGDG80	≥80.0	≥26.0	≥48.0	
TGDG120	≥120.0	≥36.0	≥72.0	
TGDG160	≥160.0	≥45.0	≥90.0	
TGDG200	≥200.0	≥56.0	≥112.0	

表 7　高密度聚乙烯单拉塑料格栅技术指标

产品规格	拉伸强度(kN/m)	2%伸长率时的拉伸强度(kN/m)	5%伸长率时的拉伸强度(kN/m)	标称伸长率(%)
TGDG35	≥35.0	≥7.5	≥21.5	≤11.5
TGDG50	≥50.0	≥12.0	≥23.0	
TGDG80	≥80.0	≥21.0	≥40.0	
TGDG120	≥120.0	≥33.0	≥65.0	
TGDG160	≥160.0	≥47.0	≥93.0	

7.3　保滩促淤坝结构

7.3.1　上海地区台风影响频繁,有实测成果表明,一次台风潮间风浪掀沙平均厚度达 15 cm 以上,可使多年的淤积效果化为乌有。因此,设有纳潮口的促淤坝顶高程应充分考虑减少或阻止风浪的掀沙作用,不宜太低。目前,无论是数值模拟还是物理模型,都难以准确模拟坝顶越浪的波浪掀沙作用。严恺主编的《海岸工程》(海洋出版社,2002 年)推荐促淤坝顶高程宜取平均高潮位加迎岸盛行风速计算的半波高,现行行业标准《滩涂治理工程技术规范》SL 389 推荐促淤丁坝坝顶高程可取平均高潮位附近。浦东国际机场促淤工程和南汇东滩促淤工程经验表明，坝顶高程在平均高潮位及以上 1 m 左右之间时，促淤效果良好。分析表明，如果平均滩面较低，预期的促淤高程低于平均潮位，坝顶高程可以相应降低，或分期加高。分期加高应充分考虑后期施工的难度，具体需比较促淤区的淤积效益、工程投资以及圈围期促淤坝的功能需求后综合确定。

7.3.2 本条参考现行行业标准《防波堤与护岸设计规范》JTS 154 的规定，条文推荐的数值是综合分析国内外实际工程资料及上海地区多个促淤工程模型试验成果而确定的。坝顶宽度与安放块体的关系，大致如下：安放 2 t 扭王块体，坝顶宽度 3 m；安放 3 t 扭王块体，坝顶宽度 3.5 m；安放 5 t 扭王块体，坝顶宽度 4.5 m。

7.3.3 坝体宜用透水性材料修筑，滤沙排水，一般以抛石为主，也可用桩式坝或其他能缓流阻水的坝型。坝体采用充泥管袋作堤芯时，应注意平均潮位以上管袋施工过程中的防潮安全性，坝顶处充泥管袋宽度不小于 5 m，同时因坝体不透水，应考虑对纳潮口流速增加的影响因素。采用不同结构时，应从投资、施工风险以及难易度等方面作技术经济比较后确定。

7.3.4 格宾网石笼作为一种新型护坡结构，近年来在海岸工程和岸坡治理方面得到了广泛的应用。格宾网一般采用高镀锌钢丝、10%铝锌合金钢丝制成，用在海水环境时表面加涂塑(PVC)。

1 本条有关块石的重量要求基本按现行行业标准《防波堤与护岸设计规范》JTS 154 的规定，块体的重量根据上海地区多个保滩促淤坝结构断面物理模型试验结果，满足稳定的块体重量为理论计算值的 1.5 倍以上，因为块重增加不一定明显增加工程量，为了安全和易于施工，实践上取用块体重量为理论计算值的 2 倍～3 倍也属正常。坝顶块体的重量，一般与外坡的块体重量相同，当坝顶高程在设计水位以上不足 0.2 倍设计波高时，其重量不应小于外坡护面块体重量的 1.5 倍。重要工程块体的单重宜通过模型试验确定。

水下抛石棱体的顶面，宜设在平均低潮位以下，棱体顶面宽度结合实际工程经验规定不宜小于 2 m，棱体的厚度不宜小于 1 m。

2 保滩促淤顺坝内侧护面结构受越浪作用不可忽视。浦东机场外侧促淤工程波浪物理模型试验时对促淤坝内侧护面结构进行了多组试验（保护起始高程分别为 1.5 m、1.0 m、0.5 m、0 m），试验结果显示同坝体外侧护面结构保护的范围在 0.5 m 高程以上，此起始高程与工程区平均低潮位 0.73 m 接近。

7.4 纳潮口设置

7.4.1 纳潮口设置与保滩促淤区的形态和滩地高程有关，需避免保滩促淤区出现不利流态的情况，并需避免引起纳潮口附近和保滩促淤区内较大范围的冲刷。根据上海地区多个促淤工程的成功经验，当每个促淤区的促淤顺坝长度与离岸距离之比不小于 1.5 时，该促淤区纳潮口的总宽度一般约为顺坝长度的 1/3，此布置可减少纳潮口处受风浪和潮流双重作用对淤积区的影响范围。保滩促淤区形态比较特殊的区域，纳潮口门宽度应对纳潮口流速、保滩促淤区的流态、纳潮量综合分析后确定，为保护已有淤积成果，增加后期淤积效果，纳潮口也可根据保滩促淤区的淤积情况分期缩窄和加高。保滩促淤工程中有较大的水流进出的通道，可参照纳潮口结构防护。

7.4.2 由于潮流水动力数学模型在模拟保滩促淤坝的透水性方面存在局限性，因此重大工程应采用物理模型验证。纳潮口是促淤工程的一部分，一般伴随着保滩促淤工程的全过程，因此其设防标准与保滩促淤坝相同，纳潮口的控制流速按常规抛石和铰链排护底考虑，不宜大于 3.5 m/s。鉴于纳潮口破坏可能引起较大的冲刷，修复或后期筑堤成本很高，应充分重视纳潮口的保护，可考虑采用双层软体排护底。

7.4.3 纳潮口初始底坎高程一般控制在平均低潮位附近，这样可以确保高含沙量的水体从底部进入。随着促淤区淤积情况的逐渐变化，后期可适时加高底坎。为了增加纳潮口附近的淤积效果，减少促淤坝加高难度，初始底坎应有一定的高度。

7.4.6 纳潮口处的流场复杂、流速较大，纳潮口处排体的铺设范围及搭接方向可根据口内和口外在涨急、落急时刻的流速较大者确定。相邻排体长度不同，形成剪刀差时，易在剪刀差部位形成排下冲刷，从而导致护底失败。因此，规定排体头部应尽量齐平，根据以往经验，凸出或凹进的长度不宜大于排宽 1/3 且不宜大于 5 m。

7.5 生物保滩促淤设计

7.5.1 根据调查，芦苇、海三棱藨草和互花米草是上海滩涂主要的 3 种草本植物。根据相关研究成果，长江口芦苇、海三棱藨草和互花米草这 3 种植物的分布与高程呈现出较强的相关性，具体如下：

1 芦苇分布在中高潮带，平均潮位以上 0.6 m，3.0 m 以上高程芦苇生长良好，芦苇具有一定的耐盐性，其植株高度、多度、盖度和生物量随盐分增加呈先增加后降低趋势。当盐分浓度小于 0.6%时，对芦苇几乎没有不良影响或稍有促进作用；当盐分浓度大于 0.6%时，对芦苇表现出抑制作用，但仍能生长繁殖。

2 海三棱藨草分布在中潮带中、上部和高潮带下部，分布高程通常是 1.5 m～3.5 m，分布下限则视盐度在平均潮位附近浮动，最适生长滩地高程在 2 m～3 m 之间。

3 互花米草在高、中、低潮带均有分布，在长江口盐沼分布的高程下限是平均潮位以下 0.4 m，相比海三棱藨草可在高程更低的滩涂上生长。

根据长江口滩涂植物调查，互花米草已对我国特有植物海三棱藨草发生了竞争取代，对长江口滩涂的生态系统构成很大的威胁，因此植物选取宜优选芦苇和海三棱藨草。海滨木槿在奉贤华电灰坝及南汇东滩外侧滩涂已有自然生长。如引进外来物种，需进行生态评估。

7.5.3 芦苇种子种植在种植当年没效果且成活率低，需要在种苗长出之后再进行培养和壮苗，所以种植芦苇一般会选择带根种植，芦苇一般春季种植成活率最高。种根移栽法在春节前后用芦根种植，成活率高，但耗费工量较大；幼苗移栽法每年4—5月份选取带有2个～3个分蘖的植株种植，种植密度可取4株/m^2，高度不宜超过50 cm，以防止风吹潮涌引起晃动而影响成活率。扦插法每年6—8月份扦插，成活率低于移栽法，但耗费工量较小。

8 堤身设计

8.1 一般规定

8.1.3 应妥善处理各堤段结合部位的衔接。相邻堤段的结构型式应相互协调。

8.2 筑堤材料与填筑标准

8.2.2 合龙是圈围工程施工的关键节点。当采用充泥管袋合龙工艺时,要求周期短、充填强度高,因此对吹填砂颗粒要求比一般堤身部位更为严格,以使其更易充填、更易排水固结。

8.2.4 随着砂土资源的日益减少,使用淤泥和淤泥质土进行筑堤的需求日益增加。然而,目前对于这类土质的控制指标尚不明确。尽管有一些实例显示,不使用加固化剂也可以用此类土填筑土堤,但在实际应用中,仍需要在堤型设计、工期规划、施工工艺、检测和验收标准等方面进行深入研究。对于堤路结合工程,其设计应综合考虑道路工程等级和海塘工程等级,并取二者中的较高标准以确保工程的安全性和可靠性。

8.2.5 水力充填砂筑堤密实度不易控制,目前上海一般按干容重不低于 14.5 kN/m^3 的指标控制。

8.2.6 固化剂是一种由多种无机、有机材料合成的用以固化各类土壤的新型节能环保工程材料。对于需加固的土壤,根据土壤的物理和化学性质,掺入一定量的固化剂,经拌匀、压实处理,可达到需要的性能指标。目前,常用的固化剂有水泥类、粉煤灰、石灰类等。

8.3 堤顶高程

8.3.1 堤顶高程是指堤防沉降稳定后的堤顶面高程，严格地讲应是设计使用期末控制的堤顶高程。沉降稳定，应从理论计算和原型观测两个方面来理解。理论计算认为，固结度大于70%的土体，固结引起的沉降大部分已基本完成。根据工程经验，当堤身土体填筑后观测沉降量小于15 mm/月时，一般可认为沉降基本稳定。对沉降敏感区位，可按连续2个月平均沉降值小于8 mm/月～5 mm/月作为面层结构等下道工序的控制标准。

8.3.2 经验表明，因波要素等条件不同按本标准第8.3.1条规定确定的堤顶高度，设计标准下越浪量并不相同，有时相差甚至可达到2个量级。因此，进行越浪量复核十分重要，并应以允许越浪量为控制条件。

8.3.3,8.3.5 此两条采用了现行国家标准《海堤工程设计规范》GB/T 51015中的条款。

8.3.6 堤防竣工后还会发生固结沉降，为保证设计高程，需预留工后沉降量，沉降量包括堤身沉降量和堤基沉降量。从已有工程经验可知，上海地区堤防竣工后沉降量控制比较困难，一般均大于按国家规范规定的计算值，也远远高于3%～5%的要求，淤泥质土深厚的地基，工后沉降甚至达到堤高的20%左右。而一般压实较好的堤防，沉降量约为堤高的6%～10%，一般在筑堤竣工验收后5年～10年基本完成。分析工后沉降偏大的原因，可能是地基土欠固结和侧向变形超预期。因此，施工过程应加强沉降观测，最终预留沉降量应根据施工过程沉降观测资料，经分析后确定。

8.4 堤身断面型式与结构布置

8.4.1 堤身断面设计时，首先根据建设条件，初步选定堤身断面型式，可以参照地区已建类似工程经验拟定边坡；接着，根据波浪要素及堤防等级，计算波浪爬高，确定堤顶高程；然后，通过稳定计算，反复调整尺寸，最终确定合理断面。

1 斜坡式断面堤防可用于任何地基上，且施工比较简单，易于设置各种消浪措施，是较经济的堤型。风浪作用强烈的堤段，外海侧设置消浪平台可有效减小波浪爬高，降低堤顶高程。同时，从大堤的施工工艺看，设置外平台形成大堤轴线方向的施工临时交通道路。平台顶高程的高低直接影响消浪效果，国内外诸多理论研究及室内物理模型试验，均表明平台高程在设计高潮位附近半波高范围内消浪效果明显。

2 陡墙式断面堤防，断面体量小，节省工程量和工程用地。但波浪遇陡墙时几乎全部反射，引起堤防附近波高加大，当堤前水深小于波浪的破碎水深时，波浪将破碎，对堤防产生很大的动水压力；与斜坡式相比，陡墙式对地基承载力要求较高，限制结构变形的要求也高。

3 根据《上海市海塘管理办法》(沪府令〔2025〕21 号)规定，有随塘河的堤防护堤地为堤身、堤外坡脚外侧 20 m 滩地和堤内坡脚至随塘河边缘；无随塘河的堤防护堤地为堤身、堤外坡脚外侧 20 m 滩地和堤内坡脚外侧 20 m 护堤地。受土地使用限制，有时内青坎宽 20 m 难以保证，借鉴已有堤防的实际使用效果，对 3 级以下堤防的青坎宽度进行了放松。

8.4.3 堤顶的宽度主要由稳定和管理要求决定。路堤结合的堤防堤顶宽度应按公路设计要求确定。本条规定与国家标准《堤防工程设计规范》GB 50286—2013 第 7.4.1 条一致，国家标准《海堤工程设计规范》GB/T 51015—2014 第 8.4.2 条比《堤防工程设计规范》GB 50286—2013 的要求低，其 1 级、2 级堤防顶宽要求分别为不小于 5 m 和 4 m。考虑到上海的经济社会发展水平和已有堤防的现状，本标准采用相对更为严格的规定，这对确保堤防安全、堤顶交通和今后提高标准都更为有利。

8.4.5 对于用土料筑堤的堤防，外海侧和有防渗反滤要求的一侧坡面均应设置反滤层。反滤层常规采用土工织物与级配碎石或袋装碎石。

8.4.6 堤防临海侧坡脚应设置镇脚和护脚，以支撑护面结构和防止波浪淘刷。对于堤前存在芦苇滩地的堤段，镇脚应设置宽0.6 m、高0.8 m的埋石混凝土或混凝土；对于堤前无植物消浪、滩面较低、风浪较大的堤段，镇脚应加大，根据经验，镇脚尺寸一般为宽1.2 m～1.5 m、高1.0 m～1.5 m。镇脚应有一定的埋深。堤脚抛石护底不应低于堤脚面高程，以确保堤脚稳定。护脚前护底块石宽度一般为5.0 m～20.0 m，根据堤前风浪、水流等计算的冲刷坑深度合理确定。

8.4.7，8.4.8 砂土质堤身内坡极易在雨水作用下产生冲刷，简单植草措施难以起到护坡防冲作用，因此需采取必要的防护结构或其他临时防护措施。为了防止雨水和越浪对内坡的冲击，内坡的坡度不宜过陡。

8.5 堤顶结构

8.5.2 根据上海临港工业园区围垦工程的经验，深弧形防浪墙可以较常规防浪墙降低墙顶高程0.5 m以上。鉴于它的经济性，这种型式易于推广，但应注意它也存在墙身波浪作用力强、稳定性要求高以及超标准情况下越浪量会急剧增加的不利特点。

8.5.4 堤顶是堤防防汛抢险和堤防维修管理的通道，也是堤坝抗击雨水和越浪冲击的重要保护层。对软土地基上新建堤防，堤顶结构不宜设置刚性路面结构，避免因堤身不均匀沉降而导致路面结构破损、开裂，宜先设置柔性过渡路面结构。

允许部分越浪的海塘，基于材料耐久性考虑，不宜采用沥青混凝土作为护面材料。

8.6 护面结构

8.6.2 凸、凹岸堤段通常为险工段，护面结构应有别于其他堤段，护面结构强度应加强。

8.6.3 堤防外侧护面结构的选用应根据风浪条件及当地的材料来源综合选用。

1 由于干砌块石护面结构对块石料的单重、规格等要求较高，上海地区采购难度较大或成本较高，因此以后工程中尽量较少采用或不采用。

5 堤防坡脚细部构造十分重要，实践中常因构造不合理或施工质量缺陷，如土工织物搭接不到位而发生堤身漏砂跑土，导致护面结构破坏。垂直于堤轴线方向原则上不允许搭接。

8.7 消浪措施

8.7.1 海塘临海侧的消浪措施能消减波能，减小波浪的爬高，降低消浪结构本身的受力，有利于工程的安全运行。

8.7.3 消浪潜堤距离堤防的堤脚原则上宜大于 0.5 倍波长，如因外侧滩坡陡，不利于潜堤的稳定且投资大幅上升，可以适当内移。

8.8 堤脚防护

8.8.2 护底宽度应考虑护底后可能的冲刷情况，以确保冲刷后堤坝的稳定安全。如果后续有进一步建设堤坝的要求，还应统筹考虑后续堤基的防冲保护，避免后续工程地基发生较大冲刷。

8.8.3 受冲刷影响的岸滩可采用软体排防护措施。根据上海地区工程实践经验，软体排水下搭接宽度不应小于 3 m，纳潮口、龙口护底等部位的软体排搭接宽度不宜小于 5 m。软体排主要适用于堤前滩地低、护底结构受波浪作用力小的堤段。软体排护底是在传统的柴排抛石基础上进化而来，它对堤前滩地的保护机理主要是利用抗冲材料-软体排直接敷设在堤脚一定范围形成连续的覆盖式护底，从而保护堤前滩地免受水流和波浪的冲刷。护底软体排结构一般采用砂肋软体排、混凝土联锁块软体排、碎石包软体排及混合软体排。

1 砂肋软体排。砂肋直径可取 300 mm～400 mm，由固定在排体上的加筋带制成 Φ280 mm～380 mm 的砂肋套固定在排体布上。根据不同的使用部位及沉排要求，砂肋间距采用 500 mm～2 000 mm，一般堤身部位采用间距 1 000 mm～2 000 mm，伸出堤身以外的余排采用间距 500 mm。

2 混凝土联锁块软体排。混凝土联锁块软体排采用成片的混凝土联锁块作为排体布的压载。联锁块单块规格宜为 480 mm×480 mm×(120～200)mm，混凝土强度等级宜为 C25，每平方米 4 块，块间用预埋的 Φ14 mm 防老化丙纶绳纵横联结。混凝土联锁块水平边缘宜切角或修圆。混凝土联锁块单元体宜在预制厂预制及连结。

3 碎石包软体排。碎石包宜用机织布制作成直径为 30 cm、长度约 1 m 的圆筒袋，装满碎石后扎紧袋口，并固定在排体加筋带上。碎石包布置间距根据不同的使用部位及沉排要求确定。

4 混合软体排。同一张排体上有砂肋和混凝土连锁块两种压重，可满足不同的压载和防冲要求。

软体排平顺护底方式因其施工速度快、适应滩地变形能力强、对河床边界条件改变较小且对近岸及周边水流影响较小，被认为是低滩岸段理想的保滩护底方式。然而，软体排作为保滩结构的使用寿命在实际工程中的检验较少，且排布易受船只抛锚损坏，不易维护。

为了满足强度、排水和保沙的要求，软体排采用机织布和无纺布针刺复合加工。土工织物的主要性能指标包括抗拉强度、延伸率、顶破和刺破强度以及孔径和渗透指数。同时,软体排的结构尺寸应按照相关规范,满足施工铺放时的受力要求,以及在水和波浪作用下的稳定性要求。

在沉放过程中,软体排受到的主要作用力是排体的压载重量和水流力。水流对排体的作用是有方向的,当水流方向与铺设方向相反时,排体受力减小;当水流方向与排体铺设方向相同时,排体受力增大。因此,排布强度和加筋带的设置需要确保铺设时的安全,防止加筋带及排布断裂。在软体排铺设至排体尾部出卷排筒前,软体排排布和加筋带共同承受荷载作用。当软体排排体全部通过卡排梁后,仅剩下加筋带承受荷载,此时软体排的抗拉强度取决于加筋带的抗拉强度。为充分利用排布的抗拉强度,可以在排尾端加密加筋带,以匹配排体的抗拉强度。

9 堤基处理与稳定计算

9.2 渗流计算与控制

9.2.1 现有渗流计算公式基于 Dupuit 假设推导得出，一般只适用于简单的结构断面，而数值分析方法更适应复杂的边界条件、非均质、各向异性等情况，因此 1 级、2 级堤防宜采用数值法进行计算。充泥管袋之间的通缝使得管袋棱体表现出明显的各向异性，在渗流分析中应加以注意。

9.2.4 河口地区沉积环境复杂，土颗粒较细，地基土尤其是无黏性土的渗透变形类型较难判别。工程实测资料表明，按现行国家标准《水利水电工程地质勘察规范》GB 50487 和现行行业标准《堤防工程地质勘察规程》SL 188 判断的渗透变形类型与专门的渗透变形试验结果的匹配程度均在 50%左右。因此，对 1 级重要堤防宜通过渗透变形试验确定渗透变形类型。

9.2.5 长江口的海塘同时受洪水和潮水影响，渗流计算应考虑各种不利情况下组合水位。

平原地区围区内地下水位一般由河网控制，渗流量对地下水位影响极小，为保守计，且与渗流浸润线计算标准相统一，本标准规定以大潮平均高潮位计算渗流量。

海塘在挡水过程中，不能形成稳定渗流的，可采用数值法按不稳定渗流计算，具体可按照现行国家标准《堤防工程设计规范》GB 50286 判断能否形成稳定渗流。

9.2.6 根据上海地区的工程经验，满足本标准堤顶宽度要求并设置了可靠反滤保土措施的陆域斜坡式堤防一般可满足渗流稳定要求，通常无需另设专门的防渗措施。但堤防两侧为水域且存在较大水位差时，水力充填堤坝的防渗应给予重视，需要考虑可靠的排水反滤、导渗、截渗等结构措施或几种措施组合使用。截渗措施应用较多的有高压喷射注浆(摆喷或旋喷)和水泥搅拌桩。当截渗深度在 25 m 以内时，三轴水泥搅拌桩具有质量可靠、经济性好的优势。有干施工条件时，也可考虑在高水位侧设置防渗膜铺盖截渗。

9.2.9 促淤坝发生局部破坏的原因大致有风浪超过设计标准、护滩排及护面材料尺度或规格不够合理、施工组织和施工质量控制不严、坝基防渗考虑不周等原因。本条规定保滩促淤坝两侧有设计水位差时应开展渗流分析。

9.3 抗滑和抗倾稳定计算

9.3.4 稳定计算通常采用有效应力法和总应力法两种方法。控制土的抗剪强度是有效应力而不是总应力，但用有效应力法计算稳定需计算土体中的孔隙水压力。因此，工程上通常采用总应力法，即在抗剪强度试验中模拟土体的孔隙水压力状态，并取得以总应力计的抗剪强度指标，使用该强度指标进行稳定计算时不需扣除孔隙水压力。实际运用中，需要注意强度指标的选用要与分析方法相对应。

在进行堤防圆弧滑动稳定分析时，为简化计算，常采用重度替代法来反映浮力和渗透力对抗滑稳定的影响。外坡潮(水)位以下的土体取浮重度；浸润线以上的土体取天然重度；浸润线与外坡潮(水)位之间的土体，在计算滑动力矩时采用饱和重度，但在计算抗滑力矩时用浮重度。该方法计算简便，通常可满足工程设计的要求。

考虑加筋材料作用有两种不同的方式：一种认为水平筋材在滑动面处产生折曲，转向于滑弧相切，适用于延伸性筋材；另一种认为水平筋材作用力的方向在滑动时仍保持水平方向，适用于非延伸性筋材。后者较之前者计算得到的安全系数小，应用过程中应根据具体情况进行分析。淤泥层深厚或者重要工程宜按照后者考虑加筋作用。

9.3.5 土体的抗剪强度指标的标准值应取直剪试验峰值强度的小值平均值或三轴试验的平均值。如试验资料较少，可取试验峰值强度平均值的 0.7 倍。

当加载速率慢、分期施工或地基土设置竖向排水措施时，地基土发生排水固结，计算时应考虑施工期土体强度的增长。施工期土体强度的增长计算方法有多种，其中有效固结应力法在工程中得到广泛应用，且理论依据明确，可供参考。

施工期抗剪强度 C_{ut} 可由下式求得：

$$C_{ut}=\eta(C_{u0}+U\sigma_z\tan\varphi_{cu}) \tag{4}$$

式中：C_{ut}——时间 t 时的现场十字板剪切强度(kPa)；

U——地基土平均固结度；

φ_{cu}——三轴固结不排水试验内摩擦角(°)；

C_{u0}——土的天然十字板剪切强度(kPa)；

η——考虑剪切蠕动及其他因素对强度的折减系数，可取 0.75～0.9，剪应力大时取小值，反之取大值；

σ_z——地基垂直附加应力(kPa)。

由于堤身荷载的大小和加载时间不同，以及地基各点的竖向应力不同，加之地层条件的变化，导致地基土的固结度和强度增长情况各不相同。因此，应按堤身荷载大小及土层条件等因素，将地基大致分成若干区域，分区选用十字板剪切强度 C_{ut}。在稳定渗流、水位降落及地震工况下，可视地基已固结。

9.3.7 潮（水）位升降宜按照国家标准《堤防工程设计规范》GB 50286—2013 附录 E 计算浸润线。可视抛石、砌石体为透水体。判定为水位骤降时，可近似认为堤身闭气土方浸润线保持原位置不变。一般情况下，采用砂性土吹填形成的堤坝很难达到骤降状态，稳定计算时可将浸润线位置进行简化。对于堆石截流堤（未闭气），可将内、外水位与截流堤边坡的交点以直线连接而成；对于一般堤防，可近似取内水位与防渗土体内边坡的交点和多年平均高潮（水）位与防渗土体外边坡的交点以直线连接而成。

9.3.8 促淤坝由于内侧淤积，外侧受沿堤流、绕堤流等作用会冲刷，引起内外滩地较大的高差。根据上海浦东机场外侧促淤等工程经验，部分堤段促淤坝内外高差近 5 m。

9.4 沉降计算

9.4.1 新旧堤坝结合时需考虑已建堤防与新建堤防沉降的相互影响。若已建堤坝（旧堤）完工时间较久，地基固结沉降基本完成，则可只计算新建堤防的沉降。但若已建堤防完工时间较短，地基固结沉降尚未完成，则新建堤防沉降应考虑已建堤防剩余沉降的影响。剩余沉降可通过固结计算确定或根据沉降原位观测成果推算。

9.4.5 现行国家标准《堤防工程设计规范》GB 50286、《海堤工程设计规范》GB/T 51015 均规定沉降修正系数 $\psi=1.3\sim1.6$，现行上海市工程建设规范《地基基础设计标准》DGJ 08—11 采用压缩模量法计算沉降，在附加应力 40 kPa～100 kPa 条件下给出 ψ 值介于 0.3～2.5 之间，而现行行业标准《滩涂治理工程技术规范》SL 389 规定 $\psi=1.3\sim1.8$，从上海的实践情况看，后者更合理。根据上海市水利工程设计研究院在浙江温州半岛浅滩工程中设计的 13 个原位观测断面、长达 10 年的观测成果，采用分层总和 $e\sim p$ 曲线法计算最终沉降，采用三点法和剩余沉降对数法推算最终沉降，得到的 ψ 值介于 1.22～1.78 之间，故本条将 ψ 值上限取为 1.8。

根据沉积环境，上海地区地基土一般可按正常固结土进行计算，但对沉降较敏感的建筑物或者新近淤积欠固结土层较厚，则需考虑应力历史对沉降的影响，可采用 $e\sim\lg p$ 曲线分层总和法进行计算。

9.4.6 现行国家标准《堤防工程设计规范》GB 50286 规定地基压缩层计算厚度取至附加应力为地基土自重应力的 20%的层面，现行国家标准《海堤工程设计规范》GB/T 51015、现行上海市工程建设规范《地基基础设计标准》DGJ 08—11 均取 10%。本标准根据近年来上海崇明北沿、南汇东滩等区域海塘工程的实践，计算厚度取至附加应力为地基土自重应力的 10%处。

9.4.7 上海已实施的多个滩涂治理与海塘工程沉降实测资料表明，工后沉降计算值普遍偏小，尤其是在淤泥深厚或堤内青坎边缘开挖沟渠时，计算值偏小更加明显。一方面，内青坎边缘开挖沟渠会加大地基的侧向变形，加大堤防的工后沉降；另一方面，深厚淤泥土欠固结或者次固结问题均会加大了堤防的工后沉降。为反映真实情况，当遇到淤泥深厚或堤内青坎边缘开挖沟渠时，修正系数 ψ 值宜适当取大些，必要时可根据原位观测成果修正工后沉降值。

10 围区填筑设计

10.2 围区填筑材料

10.2.1 近年来，上海市在部分工程中使用了符合环保要求的建筑渣土、建筑泥浆作为回(吹)填土。本条中的建设工程弃土是指在新建、改建、扩建和拆除各类房屋建筑和市政基础设施工程过程中，产生的工程渣土、工程泥浆、废弃混凝土等。

10.3 取土区设计

10.3.3 上海吹填用砂日益紧缺，本着优砂优用、节约利用的原则，本条对取土区储量要求比国家标准有所降低，即单块储量由2.5倍降为2.0倍，多块储量由3.0倍降为2.5倍。

10.4 围区填筑设计

10.4.2 围区填筑高程的确定涉及土地的使用要求及固结沉降等问题。一般的围区成陆工程，只要提出一个工程验收时应达到标高并给予一定的误差验收标准和计量原则即可，至于在施工过程中的流失率、固结量、沉降量可根据采用的设备和施工条件考虑。验收应达到的标高应考虑验收后还会出现沉降的情况，必要时，应对填筑密实度或干容重提出要求，甚至对填筑的工艺，如是否分层填筑、压实等，提出更具体的要求。

10.4.3 采用水力吹填方式时，吹填高程偏差，体现了吹填区的平整程度，它的大小主要决定于吹填管线布设的间距、吹填土的粗细等因素。土粒越细，吹填后形成的坡度越缓，吹填高程偏差就越容易控制；土粒越粗，吹填后形成的坡度越陡，吹填高程偏差就越不容易控制。对大、中型吹填工程，经过机械整平后再进行检验评定是十分必要的。

10.4.4 在吹填工程中，从取土区的疏浚土方量到最后吹填的有效土方量有一个体积与容量的复杂变化过程。此过程应包括：

1 取土区实挖工程量。

2 经绞吸输送的泥浆量。

3 进入吹填区后排水并流失一部分，其他土方沉积在吹填区。

4 由于吹填土本身的固结产生的体积减小而表现出的下沉量。

5 由于吹填区原地基增加吹填土荷载而产生的下沉量。

6 吹填后，如果进行夯实和地基加固而必须预留的吹填工程量，通常用预留高度来表示。

7 由于施工中难以准确地按设计高度吹填，因此会产生一定的超填厚度。

10.5 吹填排水设计

10.5.2 在设计排水量时，通常会选择设计雨水或吹填尾水量中的较大值作为参考。特别是在堤防设计允许越浪的情况下，越浪现象往往出现在风暴潮三碰头期间，此时吹填施工可以暂停，因此排水量应取设计雨水量与越浪水体之和以及吹填尾水量中的较大值。

修正系数 K 与土壤性质密切相关，其平均值大约在 1.0 到 1.3 之间。对于泥、粉土和粉砂类土，K 值通常较小；而对于粗砂类以上的土，K 值则较大。这主要是因为在吹填的开始和结束阶段，通常需要吹水，而且施工期间堵管现象较为常见，也需要大量吹水。如果操作不当，还可能导致输送浓度较低、水量较大的情况。

10.6 防尘固沙措施

10.6.4 生物防尘固沙措施主要是通过种树植草来固定沙地，并改变沙地的理化性质。这些措施能够改善当地的小气候和环境条件，从而降低风速，防止吹蚀。

11 海塘与建(构)筑物的连接和交叉

11.1 一般规定

11.1.1 建(构)筑物穿过海塘堤身必将增加海塘的不安全因素,因此,应尽量避免采用穿堤型式,而采用跨越型式。当有穿堤需要时,则应尽量减少穿堤的建(构)筑物数量;有条件的,采取合并或扩建处理;对于影响防洪安全的建(构)筑物,应废除或重建。

11.1.3 根据《中华人民共和国水法》(2016 年第二次修正)、《中华人民共和国防洪法》(2016 年第三次修正)有关规定,修建与堤防交叉、连接的各类建(构)筑物,应进行洪水影响评价,并上报有关水行政主管部门审批。在洪水影响评价中,应评价与堤防交叉、连接的各类建(构)筑物对防汛安全和堤防管理运用的影响程度。

根据《上海市海塘管理办法》(沪府令〔1998〕63 号),上海地区在进行海塘上破堤、开缺、凿洞施工的审批时,应进行防汛论证安全专项设计,并上报有关水行政主管部门审批。

11.1.4 当设计与海塘交叉、连接的各类建(构)筑物时,应考虑由于地形、水流条件的改变而引起的冲淤变化对海塘产生的影响。

11.1.5 根据上海地区海塘工程经验,新建海塘通常在建成后 10 年内持续存在固结沉降。如穿堤盾构、顶管等设施工程在沉降稳定之前实施,则实施后穿堤段可能发生不均匀沉降的现象,从而危及盾构、顶管等设施的结构安全。

管线、盾构穿越海塘前可考虑对堤身或堤基土体进行注浆加固等处理措施。

根据国内盾构隧道施工的经验，一般情况下在满足隧道覆土厚度 1.0D(D 为隧道外轮廓直径)以上时，土压平衡盾构施工引起的地面隆沉控制在 −20 mm～10 mm 以内，对环境的影响较小，泥水盾构对隆沉的控制则更好。虽然在工程实践中，突破最小覆土厚度限制取得成功的案例也有不少，但不建议在没有采取任何措施的情况下，长距离采用小于最小覆土规定的盾构隧道。

11.1.6 压力管道使用时会产生震动，且有可能在洪水期沿管壁与土堤结合处产生渗水。各类加热管道如输油管、供热管道等，可能会造成管周填土干裂，影响海塘安全。输送易燃、易爆流体的各类管道，如油管、天然气管等，如发生爆炸将会对海塘造成破坏，如发生泄漏将会对水体造成污染。因此，应采取安全可靠的防护措施。

11.2 海塘与穿堤建(构)筑物的连接

11.2.3 布置在海塘上的水闸受外海侧潮汛影响，内外水位差较大，平潮时间较短，在开闸排水期间通航条件恶劣，一般不宜考虑通航；由于历史原因，上海地区部分沿海水闸兼顾通航，其通航运行应首先服从防汛排涝的需要，为保护水闸闸墙免受船只直接撞击，有利于船只安全过闸，应设置助航、防撞及调度管理设施，并制定过闸管理规程。

11.2.7 穿堤建(构)筑物与堤身的连接部位是薄弱环节，衔接、过渡措施的要求相对较高。穿堤建(构)筑物与同部位海塘的基础处理和结构形式(如采用桩基础)有所不同，易产生差异沉降量，导致基底脱空。特别是穿堤建(构)筑物在有内外水位差工况运行时，脱空处本身就是一个渗透通道，直接影响海塘的安全，必须引起重视。据日本的有关调查资料，采用桩基的穿堤建(构)筑物在地震作用下发生渗透破坏的情况远严重于无桩基的工程。

11.2.9 当管线于堤基穿越时，工作井的布置应位于海塘管理范围之外，不短于海塘堤基渗径，同时满足堤防运行取土要求，并在接触面进行防渗处理，以防止管线穿堤处形成渗透通道。工作井处理对防洪安全至关重要，应做好设计，保障防洪安全。

11.3 海塘与跨堤建(构)筑物的交叉

11.3.1 跨堤建(构)筑物与堤顶之间的净空高度应同时满足其自身和海塘的使用要求，并应考虑堤防长远规划的要求。如果净空高度不能满足要求，则应采取其他有效措施，如在堤海塘背水侧傍堤坡修筑路堤，以满足海塘交通、防汛抢险、管理维修等方面的要求。

11.3.2 跨堤建(构)筑物由于结构布置的需要，当支墩布置在背水侧堤身时，由于堤身与支墩受力情况存在差异，接触面往往存在空隙，应采取截渗、防渗措施，避免因接触渗漏产生的渗透坡降过大而导致的渗透破坏隐患。当支墩布置在堤身外侧时，往往会穿透外坡的反滤层，形成防渗薄弱点，必须采取措施，如保证新老反滤层的搭接、新增反滤结构等措施，保证反滤结构的完整性；同时应考虑支墩使波能集中而需增大护面结构稳定性的要求。

11.3.3 布置于临水侧岸滩的跨堤建(构)筑物支墩影响了堤脚和岸滩的流态，特别是支墩上、下游侧，当遇到强风暴潮时作用更强烈，应采取有效的防冲刷措施，减小支墩周围的冲刷，保证堤脚和岸滩稳定。

12 施工组织设计

12.1 一般规定

12.1.6 由于汛期受风浪影响，未完建工程易蒙受毁损，因此，滩涂治理与海塘工程应尽可能在汛前完成，尤其是主体工程要力求做到这点。确需跨汛施工的工程，应按施工进度与相关汛防潮（洪）标准做好施工期度汛工作。

12.1.9 滩涂治理与海塘工程往往在施工期出现最不利工况，因此应加强堤坝工程施工期自身监测，同时还应加强堤坝前滩地变化，尤其是跨汛期施工的工程，遇台风或风暴潮时，应进行动态监测，当发现不均匀沉降、滑移、渗透破坏应及时处理，控制加荷速率，确保工程安全。保修期监测也很重要，是判断工程质量和修补隐患的重要依据。

12.2 建筑材料组织

12.2.2 受自然资源条件限制，上海本地没有可供开采的石料，符合条件的可供选择的外省市石料产地也非常有限，因此，以石料为主的堤（坝）断面设计和施工必须关注石料的质量和数量。施工工期应考虑石料供应的可能性，必要时应提前备料。

12.3 施工度汛

12.3.2 海塘工程度汛防潮标准应根据度汛建筑物类别、建筑物级别和工程重要性进行合理选择。为了增加安全度，特别重要工程，建议考虑遭遇超标准风暴潮的应急措施。堤身或围堰顶部高程，按照度汛防潮标准的潮(水)位加风浪爬高和安全超高确定。此外，海塘的度汛除了高程指标应满足安全要求外，还应从结构强度上考虑。

条文中表 12.3.2 与现行国家标准《海堤工程设计规范》GB/T 51015 基本一致，考虑到建筑物围堰与施工过程中的围堰功能相当，常常就是堤坝的一部分，因此将其设防标准的重现期上限抬高到与海塘一致。虽然在实际施工过程中较难达到这一标准，但作为地方标准，其要求不应低于国家标准，故在此予以引用。

12.3.3 海塘工程应尽可能安排在非汛期施工。如果海塘在汛前无法完工但已合龙，那么至少应完成海塘外海侧易受波浪袭击部位的护坡结构；当海塘无法在 1 个施工年度内(第 1 年汛后至第 2 年汛前)完成主体工程施工时，应设置一定数量的纳潮口门，以对纳潮口堤头进行保护，同时对海塘内外侧易受波浪和水流袭击部位进行保护；若有越浪，还需对堤顶进行保护，确保海塘安全度汛。抛石、桩基和吹填工程受汛期影响相对较小，可不受上述限制，但应做好台风预报工作。当遭遇大型风暴潮时，应及时撤离避风，确保施工人员和设备安全。

12.3.4 必须关注和保证旧海塘破口建设过程中的度汛安全。在已有海塘上破口施工，可采取下列措施：

1 适当调整工程布置，以便能先完建新堤或穿堤建筑物，再适时挖开已有海塘，完成新、旧海塘的衔接。

2 采用低水围堰围护破口处的基坑，在 1 个非汛期内完建破口内的建筑，恢复已有海塘的度汛防潮标准。

3 采用与已有海塘相同标准的围堰围护，破口处的新建筑物可以全年施工。

12.4 主体结构施工

12.4.1 海塘基面多有淤泥等影响海塘渗透和稳定的不利物质，如新老堤防接头处，若老堤防坡脚抛石清理不干净，极易在基面形成渗透通道，引起海塘渗透破坏；当海塘基面淤泥含水量过高且淤泥层较厚时，若不进行处理，则新建海塘极易滑坡，后期沉降量也大。因此，需放大海塘断面，清理基面甚至进行必需的地基处理，方能确保海塘安全。软土堤基处理的关键是因地制宜，根据水文、地质、工期、造价、施工、环境影响等条件，从技术经济角度多方案分析比较后优选方案。基面清理平整后，应及时报验。基面验收后应抓紧施工，当不能立即施工时，应做好基面保护，复工前应再检验，必要时须重新清理。

12.4.3 在上海地区，无论是在陆地还是感潮区域，充泥管袋施工技术都已经相当成熟。通常情况下，使用的袋布为 110 g/m^2～150 g/m^2 的编织布。然而，在风浪流速较大的部位，可能会使用 175 g/m^2～200 g/m^2 的编织布或机织布。对于那些外露时间较长且受风浪影响较大的充泥管袋，其袋布建议进行防老化处理。对于−2.0 m 高程以下的深水区充泥管袋筑堤技术，近年来取得了快速发展，并涌现出一系列新技术。这类工程一般需要专业的施工船舶进行。有些施工方法是在船舶甲板上充灌袋体，然后将其沉放到水下预定位置。另一些方法则是在水下铺设袋布，随后利用船上的充灌设备进行水下灌袋。

12.4.4 根据已建工程的实际经验和观测数据，对于某些海塘堤基，特别是新近沉积的砂性土滩涂或经过塑料排水板等处理措施后的堤基淤泥土，海塘的早期沉降量可能会较大，有时甚至超过 30 mm/d。然而，即使在这样的沉降量下，海塘仍然可能保持稳定。同时，也存在沉降量未达到 30 mm/d 却发生滑坡事故的情况。因此，施工过程中应根据观测数据及时反馈，指导施工加载的过程和速率。如果沉降或位移出现突变或过大，应立即暂停加载，分析原因，并在必要时采取减荷、镇压等措施，以确保海塘的稳定性和安全性。

12.4.5 护面结构施工应符合下列规定：

1 护面质量对海塘抵御设计标准甚至超标准风暴潮的能力至关重要。为了确保护面质量，应在堤身填筑完成并经过充分沉降变形达到基本稳定后实施护面施工。然而，由于工期和度汛要求的限制，往往无法在沉降完全稳定后再进行护坡施工，这就需要在施工组织和工艺上寻找平衡，尽量在汛后尽早开工并加大初期的施工强度。

3 反滤垫层施工是护坡工程的重要环节。反滤垫层应严格按照设计要求施工，确保质量。对于前沿滩势呈冲刷态势的岸段，应特别重视坡脚反滤层的施工，以防止坡脚淘刷危及海塘安全。在受潮流影响较大的堤防部位，反滤垫层和土工合成材料的施工应考虑水深、水流和波浪等自然条件的影响，制定合理的摊铺方案和施工工序。在坡度陡于 1∶3 或赶潮施工的部位，不宜使用碎石，而应采用袋装碎石作为垫层，以防止碎石滑移导致垫层厚薄不均，影响施工质量和反滤效果。同时，应确保土工布的搭接长度，水上部位不小于 0.5 m，水下部位不小于 1.0 m。反滤层铺设后，应及时实施面层砌石或混凝土面层结构；如果暂时无法实施，应对反滤层结构进行适当保护，防止波浪淘刷或雨水冲刷。

5 预制混凝土块体的模板应采用钢模板或拼装式混合模板。对于吊装困难的预制混凝土块体，可在预制时预埋吊环，以方便施工安装。

12.4.6 穿堤建筑物的施工宜尽可能在海塘工程实施完成且沉降趋于稳定后再进行。若需与海塘工程同时实施，应在基坑范围外布置围堰，围堰可与海塘永久工程部分结合，以确保穿堤建筑能干地施工，并进行适当的地基处理，以避免不均匀沉降过大。

围堰工程的实施和拆除不应影响海塘自身的防渗和稳定安全。

12.5 纳潮口和龙口的构筑与合龙施工

12.5.1 应有效控制纳潮口和龙口构筑与堤坝抬升的施工顺序及进度，原则上纳潮口及龙口底层保护应先期进行，但当滩地高程较低需要填高时，其护底的抬升不宜过快，须与海塘堤身的抬升相协调，避免在局部堤段形成水流集中。必要时，可采用数学模型模拟水流用于指导现场施工。

12.5.2 合龙施工应选择在潮位低、潮差小、风浪小的时段进行，不宜在大风、大潮、多雨时段合龙，一般选择在每年2月前完成合龙，以确保海塘护坡结构能在汛前完成。合龙时间的确定要考虑堵口合龙后有足够的时间来加高培厚堤身并达到设计预定断面，以满足防潮要求。在正式合龙前，应对合龙条件作最后的分析和确认。

12.7 生物保滩促淤工程施工

12.7.1 滩涂种植的生物成活率受自然条件影响较大，对于难以满足设计成活率要求的区块，应及时进行补种。

12.7.4 滩涂生物种植施工一般需赶潮作业。露滩后，种植工人根据每个斑块种植的品种进行种植。为确保施工安全，在作业过程中需采取佩戴救生衣、配置救生哨等安全措施。

12.8 施工准备和临时工程施工

12.8.1 根据上海滩涂治理与海塘工程施工的特点，工程一般在当年的汛后开工，工程前期的工期非常紧张，主要表现为龙口合龙的土方工程及第二年度汛前的护坡结构工程强度大。因此，在主体工程开工前，提前开展施工准备工程建设非常必要。

12.9 施工监测

12.9.1 上海地区围堤堤基大多为淤泥或淤泥质土。堤身填筑一般要求分层加载、均衡上升，每次加载均会打破已建立的稳定与平衡，又需要新一轮的沉降稳定。另外，由于不同的软基处理方法，其排水固结时间和沉降变形速率也会有所不同。因此，需要根据施工过程的沉降观测记录来指导分层加载厚度和间歇周期，以控制施工期间沉降和位移，确保施工安全。为确保监测成果质量，需委托具有相应资质的第三方进行监测，并将监测成果提供给参建单位进行反馈分析。施工期监测设施的设置应考虑与永久监测相结合，并在施工过程中对监测设施进行保护，以避免施工过程中的破坏。对于重点监测部位，应考虑地埋设备用于监测设施。

12.9.5 龙口坝段为围堤工程特殊部位，其填筑时间较两侧围堤晚，填筑材料与两侧围堤也不太一样，其沉降速率、变形情况和渗透均与标准断面有较大差异，因此，应重视龙口合龙前后的监测，合理指导加荷速率和填筑抛高等指标参数，防止围堤不均匀沉降和变形。同时，应重视合龙前龙口水文、水流和护底观测，若发现龙口流速过大或者护坡护底结构出现破坏，应及时采取措施加强保护，确保龙口安全。

13 工程管理设计

13.3 工程安全监测

13.3.1 安全监测设施是为了保障工程施工期与竣工运行安全，掌握工程各部位的工作状况和形态变化而设置的。一旦发现异常现象，要及时分析原因，采取防护措施，保证工程安全运行。同时，可通过安全监测积累资料，检验设计的正确性和合理性，也可为科研积累资料，以提高未来设计水平。

施工期和竣工运行后的工程安全监测经常脱节，给后期管理和问题处理带来不便，需要加以重视。

13.3.3 代表性堤段是指堤基地质条件复杂，存在滑移危险、渗流破坏等安全隐患的堤段，比如老溃口、软弱堤基、浅层强透水带、承压水带以及有穿堤建筑物的堤段。

根据海塘特点选定安全监测项目，配置的仪器设备应遵循技术先进、实用方便的原则。近年来，基于卫星遥感的海塘监测系统，可实现长期稳定运行、实时监控、分析等功能，因此本条款增加空间技术监测手段，考虑到技术发展，也提出了智能巡检要求。

13.3.4～13.3.6 上海市沿江沿海的海塘岸线长，全面设置安全监测设施不现实，也不必要。因此，本标准明确了一般性监测项目和专门性监测项目。在进行具体的安全监测设计时，应根据管理需要、工程的重要性、结构型式及破坏模式，结合现行国家标准《堤防工程设计规范》GB 50286、《海堤工程设计规范》GB/T 51015、《水文观测标准》GB/T 50138 以及现行行业标准《水利水电工程安全监测设计规范》SL/T 725、《堤防工程安全监测技术规程》SL/T 794 等相关规定，经分析论证后确定。

考虑到科技进步和海塘管理需要，在有条件的情况下，建立自动监测系统可以大大减轻管理工作量，并可及时有效地获取数据。因此，本标准也对此提出了相关要求。

13.3.8 根据调研，在沿江沿海景区、重点险工险段、重要交通路口、重要交叉建筑物等堤段的管理范围内人类活动频繁，游客违规翻越海塘、损坏海塘工程和监测设施的事件时有发生，海塘工程管理难度较大。因此，许多海塘工程管理单位结合当地交通道路管理在上述堤段设置了视频监视设施。为方便海塘管理，保证海塘工程完整和安全运用，本标准提出在上述堤段宜设置视频监视设施。

13.4 交通设施

13.4.1 滩涂治理与海塘工程交通设施，由对内和对外交通两部分组成。对外交通指的是海塘工程与外部区域性交通网络相连接的上堤道路，每隔一定距离布置一条，以保持堤内外交通的畅通。对内交通指的是利用堤顶（含海塘、连接堤堤顶）作为对内交通道路，使之与所属的工程区段、附属建筑物和附属设施等管理点相连接的交通设施。内外交通道路设施应满足正常管理、防汛抢险的物资运输要求，宜参照现行行业标准《公路工程技术标准》JTG B01、《城市道路工程设计规范》CJJ 37 的有关规定，选定内外交通道路有关设计参数。上堤道路的设计标准可参照与其连接的干线公路等级。

13.4.3 2017 年 9 月，国务院发布的《关于取消一批行政许可事项的决定》（国发〔2017〕46 号）中，取消了水利部实施的利用堤顶、戗台兼做公路审批和坝顶兼做公路审批 2 个行政许可事项。依据《水利部办公厅关于取消利用堤顶、戗台兼做公路审批和坝顶兼做公路审批后加强事中事后监管的通知》（水利部办建管〔2017〕177 号），当需利用堤顶、戗台或坝顶兼做公路时，工程管理单位应督促公路建设单位进行分析论证，提出拟采取的安全防护措施，并在公路开工前将相关设计文件、安全论证材料上报海塘工程管理单位及其上级主管部门备案。

堤顶道路兼做公路或市政道路后，由于交通车辆频次增加，上部荷载增大，为防止海塘工程强度受到影响，海塘工程管理单位要与公路管理单位签订维修养护协议，明确养护责任，落实养护经费，厘清道路交通安全责任。

13.5 通信设施与信息化

13.5.1 为了保证迅速、准确、可靠地将各种有关信息传送给上级相关管理部门，避免重复建设，管理单位通信系统应首先考虑充分利用当地公共通信设施，必要时结合专网建设满足工程管理通信要求。

13.6 生物防护措施和其他管理设施

13.6.1 生物防护措施一方面能保护海塘免受暴雨洪水、冰凌、潮汐、海浪等自然力的侵蚀破坏，另一方面也能涵养水土、美化堤容堤貌、保护生态环境，符合水利绿色发展的新理念。因此，在滩涂治理与海塘工程管理设计中，生物防护措施应尽可能和主体工程一样，一次设计到位，并积极创造条件，力求达到预期的生态防护效果。

13.6.2 为推进海塘工程管理标准化、规范化建设，除大力加强各项基础设施的建设外，还应重视其他管理设施的建设，包括界碑（牌）、里程桩、标志牌、宣传牌、限行减速装置等设施。

13.7 工程年运行管理费

13.7.1 在滩涂治理与海塘工程管理设计中，应以工程总体经济评价（主要是财务评价）为基础，说明运行管理资金来源，并反映在设计文件中，作为有关主管部门制定年运行管理费用标准的参考。

13.7.2 现行行业标准《水利建设项目经济评价规范》SL 72 对水利经济、财务评价的基本准则、年运行管理费的项目内容和计算方法及综合利用水利建设项目费用分摊办法等都作了明确规定。滩涂治理与海塘工程的年运行管理费的计算方法和要求，应按照该标准的有关条文执行，同时应符合国家现行的财务会计制度。

附录 A　上海沿江沿海设计风速

上一版标准附录 A 根据上海沿江沿海相关测站 10 m 高度年最大 10 min 平均风速资料，列出了上海沿江（海）崇明西（堡镇以西）、宝山（吴淞口以西）、浦东（吴淞口至中港）及崇明东（堡镇以东及长兴横沙）、奉贤（中港至南竹港）、金山（南竹港以西）5 个区域各方向的不同重现期风速（2010 年成果，资料时段 1974 年至 2010 年），中国气象局上海台风研究所 2017 年对上述区域主风向的不同重现期风速进行了复核计算（资料时段 1949 年至 2014 年），该风速略小于 2010 年成果，考虑到与以往成果的一致性，本次上海沿江（海）设计风速沿用上一版标准附录 A 成果。

附录 B　沿江沿海主要水文站点位置及特征潮位资料

上一版标准附录 B 采用的潮位统计资料年限截止至 2002 年。自 2003 年以来，长江口杭州湾地区遭遇多次风暴潮影响，但上海沿江沿海主要水文站实测高潮位均未突破 1997 年“9711”台风期间的历史最高潮位。根据上海市水文总站牵头编制的《黄浦江高水位变化及成因分析》成果，当潮位统计资料延长至 2021 年，以吴淞站为例，1 000 年一遇、200 年一遇、100 年一遇、50 年一遇高潮位相比 2002 年成果分别下降了 2 cm、4 cm、4 cm 和 5 cm。从设计偏安全的角度考虑，本次主要水文站特征潮位仍沿用上一版标准附录 B 的成果。

附录C　波浪要素计算

由于缺乏足够的实测波浪资料，深水波要素及近岸波浪特征统计一直困扰着上海滩涂治理与海塘工程设计，争议不断。上一版标准附录C.0.1列入了国家海洋局东海分局的观测和深水波要素推算资料（2009年成果）。根据国家海洋局东海预报中心2017年复核计算成果，10 m与15 m等深线处各站点不同重现期波高与原2009年成果差异较小，表明近10年的地形与气候环境变化，对深水设计波要素影响不大，考虑到与以往成果的一致性，本次深水波要素沿用上一版标准附录C.0.1成果。

附录 F 越浪量计算

由于目前国内没有针对复坡断面进行计算的越浪量计算公式，本标准附录 F 推荐的复式斜坡堤越浪量计算公式分别摘自欧洲的 *Wave Overtopping of Sea Defences sand Related Structures: Asesment Manual*（以下简称“欧洲手册”）和美国海岸工程手册 *Coastal Engineering Manual* 的 *Chapter* Ⅵ-5 *Fundamentals of Design*（以下简称“美国手册”）。两个公式在形式上非常接近，均基于 1995 年的 Van der Mer 公式。

两个公式的主要差异在于：在因素上，美国公式考虑了堤前浅水对不规则波波谱的影响，欧洲公式考虑了堤顶防浪墙倾斜角度对越浪量的影响。欧洲手册主要推荐的公式和计算方法源于英国、荷兰和德国等国相关的计算手册，且参考了美国手册。欧盟针对波浪爬高和越浪的比尺效应问题以及越浪对沿海城市的风险开展了 CLASH（Crest Level Assesment of Coastal Structures by Full Scale Monitoring，Neural Network Prediction and Hazard Analysis on Permissible Wave Overtopping）项目，得到了大量的野外观测和室内物理模型试验数据，并且收集和分析了常用的计算公式。因此，欧洲公式更完善一些。

附录G 波浪作用力计算

G.3 对作用于半圆型堤上的波浪力，修正的合田公式主要适用于静水位低于堤顶0.7倍设计波高的情况，谢世楞修正公式主要适用于堤顶淹没于静水位以下的情况。当计算水位位于堤顶到堤顶以上0.7倍设计波高之间时，两种方法均不能良好适用。此时，建议根据其他数值计算成果归纳的经验公式计算。

半圆型构件底板的开孔率超过10%时，除浮托力可忽略不计外，还应注意以下两点：

1 半圆型堤上波浪力的水平分量小于直立墙上波浪力的水平分量。

2 半圆型堤上波浪力的垂直分量方向向下。

因此，可以理解为在半圆型堤的抗滑计算中，非但没有一般直立堤稳定核算时不利的向上的浮托力，反而存在对稳定有利的向下的波浪力垂直分量。

附录H　促淤强度估算经验公式

H.0.1　王义刚等根据窦国仁潮汐水流悬沙运动微分方程，建立了河口边滩围垦淤积预报模式，相关预报模式在南汇边滩临港新城（人工半岛）一期促淤工程中得到初步检验。

H.0.2　经上海南汇东滩、横沙浅滩已建实际工程案例验证，基于河口河相关系式的淤泥质潮汐河口促淤工程淤积效果预报公式适合上海地区，预报效果良好。